高等职业教育机电专业系列教材

数控编程与加工项目化教程

（第二版）

主　审　董建国
主　编　肖爱武　廉良冲
副主编　龙　华　战丽娜　张立娟　夏伯融
参　编　唐志英　李绍友　柳　青　黄启红

南京大学出版社

前　言

本教材以"必须""够用""实用""好用"的职业教育原则为依托,并结合高职高专学生和授课老师教学的特点编写而成。

本书特色:

1. 本教材以数控车床、数控铣床、数控加工中心的编程与操作为核心,深入浅出地详细介绍了加工中心和数控车床安全操作规程、数控加工工艺、典型数控机床的操作、典型零件的加工应用实例等内容。读者通过对本书的学习,不但能掌握数控编程的方法与技巧,也能比较全面地了解数控加工。

2. 该教材系统地讲解了 FANUC 数控系统编程,所有零件加工程序语句都附有详细、清晰的注释说明。各章后设有习题,便于学生更好地掌握所学内容;书的最后附有 FANUC 和华中世纪之星数控车削指令、铣削指令对照表,以供查阅和学习参考。

3. 全书采用项目式编写模式,以项目为导向,任务为驱动的结构体系。让学生带着目标任务展开学习,具备目的性明确、实用性强的特点。

本书由湖南化工职业技术学院肖爱武、湖南生物机电职业技术学院廉良冲担任主编,由湖南工业职业技术学院龙华、湖南水利水电职业技术学院战丽娜、平顶山工业职业技术学院张立娟、长江职业学院夏伯融担任副主编,由潇湘职业学院唐志英、湖南化工职业技术学院李绍友、岳阳职业技术学院柳青和黄启红担任参编。全书由肖爱武负责设计教材的总体框架、制定编写大纲、组织老师撰写及承担全书的定稿和统稿。由湖南工业职业技术学院董建国教授担任主审,对原稿的内容、体系进行了详细的审阅,并提出了许多宝贵的意见,在此表示衷心的感谢。

本书可作为职业院校数控技术、模具设计与制造、机械制造及自动化等专业的教材,也可供有关工程技术人员、数控机床编程与操作人员学习及培训使用。

本书在写作时,得到湖南化工职业技术学院机械工程学院领导、同事以及参与本书编写的其他所有院校作者的帮助与支持,同时也得益于许多专家学者对数控技术方面的论著,在此表示衷心的感谢。

由于编者水平有限,经验不足,书中不妥和错误之处,恳请读者批评指正。

编　者
2017. 6

目　录

微信扫一扫进入
课程资源库

工作模块一　数控车削编程与加工

项目一 手动车削定位销

【工作任务】

定位销零件图如图 1-1-1 所示,试操作 FANUC 0i 数控车床手动车削完成零件的加工,毛坯尺寸 $\phi45$ mm×100 mm,材料为 45 钢。

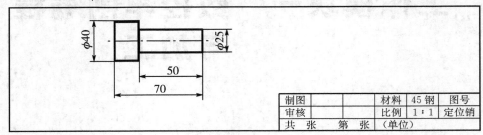

图 1-1-1 定位销

【学习目标】

1. 清晰了解数控机床操作工岗位的职责与工作要求,严格遵守数控机床的安全操作规程,了解数控机床日常维护与保养的基本要求。

2. 了解 FANUC 0i 数控车床的基本结构,能按操作规程启动及停止 FANUC 0i 数控车床。

3. 熟悉 FANUC 0i 数控车床的基本操作,能手动操作完成零件的车削加工。

一、数控机床操作工的岗位职责

1. 数控机床操作工的岗位职责

在机械制造企业,数控机床操作工的主要工作岗位职责为:

① 在生产设备部门主管的领导下,严格遵守"操作规程",完成每月的生产任务,并对加工零件的质量负责。

② 按照工艺文件的要求,准备工装夹具、量具、刃具,做好生产准备。

③ 严格按照图纸和过程文件进行加工,确定零件加工质量,做好每一过程的自检、首件报验工作,并做好记录。

④ 已加工好的零件,要按规定整齐摆放在标志区内,严禁乱摆、乱放,严禁使已

加工表面着地,绝不能破坏已加工表面。

⑤ 对被判为不合格的零件,应及时"返工"、"返修",严禁将不合格品混入合格品中。

⑥ 严格遵守"设备管理制度"、"车间现场定置管理"、"文明生产管理制度"、"安全生产管理制度",搞好机床的维护保养,搞好文明生产、安全生产。

2. 数控机床安全操作规程

操作规程既是保证操作人员人身安全的重要措施之一,也是保证设备安全和产品质量的重要措施,操作人员必须严格按照操作规程进行正确操作。

(1) 加工工件前的注意事项

① 查看工作现场是否存在可能造成不安全的因素,若存在应及时排除。

② 按数控机床启动顺序开机,查看机床是否显示报警信息。

③ 数控机床通电后,检查各开关、旋钮和按键是否正常、灵活,数控机床有无异常现象。

④ 检查液压系统、润滑系统油标是否正常,检查冷却液容量是否正常,按规定加好润滑油和冷却液,手动润滑的部位先要手动进行润滑。

⑤ 各坐标轴手动回参考点。回参考点时应先注意是否会和机床上的工件、夹具等发生碰撞。若某轴在回参考点前已处于参考点位置附近,必须先将该轴手动移动到距离参考点 100 mm 以外的位置,再回参考点。

⑥ 在进行工作台回转交换时,台面、护罩、导轨上不得有其他异物;检查工作台上工件是否正确、夹紧是否可靠。

⑦ 为了使数控机床达到热平衡状态,开始加工前必须使数控机床空运转 15 min 以上。

⑧ 按照刀具卡正确安装好刀具,并检查刀具运动是否正常,通过对刀,正确输入刀具补偿值,并认真核对。

⑨ 数控加工程序输入完毕后,应认真校对,确保无误,并进行模拟加工。

⑩ 按照工序卡安装并找正夹具。

⑪ 正确测量和计算工作坐标系,并对所得结果进行验证。

⑫ 手轮进给和手动连续进给操作时,必须检查各种开关所选择的位置是否正确,分清正负方向,认准按键,然后再进行操作。

(2) 加工工件时的注意事项

① 无论是首次试加工,还是周期性重复加工,首先检查工序卡、刀具卡、坐标调整卡、程序卡四者是否一致,然后进行逐把刀逐段程序的试切。

② 试加工时,快速倍率、进给倍率开关置于最低挡,切入工件后再加大倍率。

③ 在运行数控加工程序中,要重点观察数控系统上的坐标显示。

④ 对一些有试刀要求的刀具,要采用"渐进"的方法试刀。

(3) 加工工件完毕后的注意事项

① 清洁工作台、零件及台面铁屑等杂物,整理工作现场。

② 在手动方式下,将各坐标轴置于数控机床行程的中间位置。

③ 按关机顺序关闭数控机床,断电。

④ 清理并归还刃、量、夹具,将工艺资料归档。

3. 数控机床的日常维护与保养

数控机床的日常维护与保养是延长其使用寿命的关键工作,一般情况下,数控机床的日常维护和保养工作是由操作人员来进行的。

数控机床的日常维护、保养及出现现象的解决方法见表 1-1-1～表 1-1-4。

表 1-1-1　日检项目

序 号	项　目		正 常 情 况	解 决 方 法
1	液压系统	油标	在两根间隔线之间	加油
		压力	按照机床操作说明书要求	调节压力螺钉
		油温	大于 15℃	打开加热开关
		过滤器	绿色显示	清洗
2	主轴润滑系统	过程检查	电源灯亮,油压泵正常运转	和机械工程师联系
		油标	在两根间隔线之间	加油
3	导轨润滑系统	油标	在两根间隔线之间	加油
4	冷却系统	油标	液面显示 2/3 以上	加冷却液
5	气压系统	压力	按照机床操作说明书要求	调节压力阀
		润滑油指标	大约 1/2	加油

表 1-1-2　周检项目

序 号	项　目		正 常 情 况	解 决 方 法
1	机床零件	移动零件	运动正常	清扫机床
		其他细节		
2	主轴润滑系统	散热片	干净	除尘
		空气过滤器		

表 1-1-3　月检项目

序 号	项　目	正 常 情 况	解 决 方 法
1	电源	电源电压	50 Hz、220～380 V	测量、调整
2	空气干燥器	过滤器	干净	清洗

表 1-1-4　半年检

序 号	项　目		正 常 情 况	解 决 方 法
1	液压系统	液压油	干净	更换液压油
		油箱		清洗油箱
2	主轴润滑系统	润滑油	干净	更换润滑油
3	传动轴	滚珠丝杆	运转正常	加润滑脂

二、认识数控车床

用数字化的代码把零件加工过程中的各种操作和步骤以及刀具与工件之间的相对位移量记录在介质上,送入计算机或数控系统,经过译码运算、处理,控制机床的刀具与工件的相对运动,加工出所需的零件,此类机床统称为数控机床。常用数控机床有数控车床、数控铣床、数控加工中心等。

1. 数控车床的类型

按车床主轴位置可分为卧式和立式数控车床;按刀架数量可分为单刀架和双刀架数控车床;按功能可分为经济型数控车床、普通数控车床、车削加工中心;按导轨布置形式可分为水平床身和斜床身数控车床。如图 1-1-2 和图 1-1-3 所示。

经济型数控车床是通过对普通的车床的车削进给系统改善后形成的简易型数控车床,成本较低,但自动化程度和功能都比较差,加工的精度也不高,适用于要求不太高的回转类零件的车削加工。

普通数控车床是根据车削加工要求在结构上进行专门设计并配备通用数控系统而形成的数控车床,数控系统功能强,自动化程度和加工精度也比较高。加工时一般可同时控制 X、Z 两个坐标轴,适用于一般回转类零件的车削加工。

车削加工中心是在普通数控车床的基础上,增加了 C 轴和动力头,更高级的机床还带有刀库,可控制 X、Z 和 C 三个坐标轴,联动控制可以是(X、Z)、(Z、C)或(X、C)。由于增加了 C 轴和铣削动力头,这种数控车床的加工功能大大的增强,除可以进行一般车削外,还可以进行径向和轴向铣削、曲面铣削、中心线不在零件回转中心的孔和径向孔的钻削等加工。

图 1-1-2　水平床身经济型数控车床

图 1-1-3　斜床身数控车床

2. 数控车床的加工对象

数控车床主要用于加工轴类、盘类等回转类零件的内外圆柱面,任意角度的内外圆锥面,复杂回转的内外曲面、圆柱面、圆锥螺纹等,并能进行切槽、钻孔、扩孔、铰孔、镗孔等切削加工。由于数控机床有较高的加工精度,能完成直线和圆弧插补,且在加工过程中能自动调节速度,因此数控车削加工的工艺范围较普通车削加工宽得多。与普通车削加工相比,数控车削的加工对象主要为:

① 精度要求高、超低表面粗糙度以及超精密零件,如高速电机主轴,高精度的机床主轴,磁盘,录像机磁头,激光打印机的多面反射体,复印机的回转鼓、隐形眼镜、照

相机等光学设备的透镜及其模具等对轮廓精度和超低的表面粗糙度等标准要求超高的零件。

② 表面形状复杂的回转体零件。如具有封闭内成型面的壳体零件。

③ 带一些特殊类型螺纹的零件。普通车床只能车等节距的直、锥面公、英制螺纹,而且一台车床只限定加工若干种节距。数控车床不但能车任何等节距的直、锥和端面螺纹,而且能车增节距、减节距,以及要求等节距、变节距之间平滑过渡的螺纹和变径螺纹。数控车床车削螺纹时主轴转向不必像传统车床那样交替变换,它可以一刀又一刀不停地循环,直到完成,所以它车削螺纹的效率很高。数控车床可以配备精密螺纹切削功能,再加上采用机夹硬质合金螺纹车刀,并能使用较高的转速,所以车削出来的螺纹精度较高、表面粗糙度小。因此,包括丝杠在内的螺纹零件很适合于在数控车床上加工。

3. FANUC 0i 数控车床的控制面板

图 1-1-4 所示为 FANUC 0i 系统控制面板,它由 CRT 显示器和 MDI 键盘组成。CRT 显示器用于显示车床参考点坐标、刀具起始点坐标、刀具补偿量数据、数控指令数据、报警信号、自诊断结果、滑板运动速度和间隙补偿值等参数。用 MDI 键盘结合 CRT 可以进行数控系统操作。数控系统控制面板因数控系统不同而有所不同。键盘上各个键的功能列于表 1-1-5。

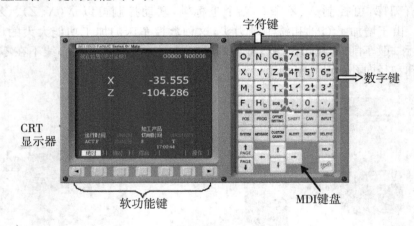

图 1-1-4 数控系统控制面板

表 1-1-5 控制面板键盘功能一览表

名　称	键面示意图	功　能
数字键		实现字符的输入,例如:点击软键 5 将在光标所在位置输入"5"字符;点击软键 SHFT 后再点击 5 将在光标所在位置处输入"]";软键 EOB 中的"EOB"将输入";"号表示换行结束。

（续表）

名　称	键面示意图	功　　能
字符键		实现字符的输入，点击 SHIFT 键后再点击字符键，将输入右下角的字符。例如：点击 O_P 将在 CRT 的光标所处位置输入"O"字符，点击软键 SHIFT 后再点击 O_P 将在光标所处位置处输入"P"字符；软键 EOB_E 中的"EOB"将输入"；"号表示换行结束。
翻页键	PAGE↑ PAGE↓	软键 PAGE↑ 实现左侧 CRT 中显示内容的向上翻页；软键 PAGE↓ 实现左侧 CRT 显示内容的向下翻页。
光标移动键	↑ ← ↓ →	移动 CRT 中的光标位置。软键 ↑ 实现光标的向上移动；软键 ↓ 实现光标的向下移动；软键 ← 实现光标的向左移动；软键 → 实现光标的向右移动。
程序编辑键	ALTER INSERT DELETE	ALTER：字符替换。 INSERT：将输入域中的内容输入到指定区域。 DELETE：删除一段字符。
功能键	POS PROG OFFSET SETTING CUSTOM GRAPH	POS：在 CRT 中显示坐标值。 PROG：CRT 将进入程序编辑和显示界面。 OFFSET SETTING：CRT 将进入参数补偿显示界面。 CUSTOM GRAPH：在自动运行状态下将数控显示切换至轨迹模式。
换挡键	SHIFT	输入字符切换键。
取消键	CAN	删除单个字符。
输入键	INPUT	将数据域中的数据输入到指定的区域。
复位键	RESET	机床复位。

4. FANUC 0i 数控车床的操作面板

FANUC 0i 车床标准面板操作如图 1-1-5 所示。主要用于控制机床运行状态，由模式选择按钮、程序运行控制按钮等多个部分组成。键盘上各个键的功能列于表1-1-6。

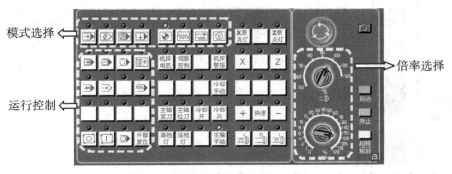

图 1-1-5　数控机床操作面板

表 1-1-6　操作面板键盘功能一览表

名　称	键面示意图		功　能　说　明
系统控制		启动	启动控制系统。
		关闭	关闭控制系统。
安全功能		急停按钮	按下急停按钮,使机床移动立即停止,并且所有的输出如主轴的转动等都会关闭。
		超程释放	系统超程释放。
模式选择		自动运行	此按钮被按下后,系统进入自动加工模式。
		编辑	此按钮被按下后,系统进入程序编辑状态,用于直接通过操作面板输入数控程序和编辑程序。
		MDI	此按钮被按下后,系统进入 MDI 模式,手动输入并执行指令。
		回原点	机床处于回零模式;机床必须首先执行回零操作,然后才可以运行。
		手动	机床处于手动模式,可以手动连续移动。
		手动脉冲	机床处于手动脉冲进给控制模式。
		手轮进给	机床处于手轮控制模式。
倍率选择		主轴倍率选择旋钮	调节主轴旋转倍率。
		进给倍率	调节主轴运行时的进给速度倍率。
主轴控制		主轴控制按钮	从左至右分别为:正转、停止、反转。
手动进给控制		选择 X 轴	在手动状态下,按下该按钮则机床移动 X 轴。
		选择 Z 轴	在手动状态下,按下该按钮则机床移动 Z 轴。
		正向移动	手动状态下,点击该按钮系统将向所选轴正向移动。在回零状态时,点击该按钮将所选轴回零。
		负向移动	手动状态下,点击该按钮系统将向所选轴负向移动。
		快速移动	按下该按钮,机床处于手动快速状态。
手轮进给控制		手轮显示	按下此按钮,则可以显示出手轮面板。
		手轮面板	点击 H 按钮将显示手轮面板。
		手轮轴选择旋钮	手轮模式下,将光标移至此旋钮上后,通过点击鼠标的左键或右键来选择进给轴。

（续表）

名　称	键面示意图		功能说明
手轮进给控制	X1 X10 X100	手轮进给倍率旋钮	手轮模式下将光标移至此旋钮上后,通过点击鼠标的左键或右键来调节手轮步长。X1、X10、X100 分别代表移动量为 0.001 mm、0.01 mm、0.1 mm。
	HANDLE	手轮	将光标移至此旋钮上后,通过点击鼠标的左键或右键来转动手轮。
运行控制	⬇	远程执行	此按钮被按下后,系统进入远程执行模式即 DNC 模式,输入输出资料。
	⮕	单节	此按钮被按下后,运行程序时每次执行一条数控指令。
	⬛	单节忽略	此按钮被按下后,数控程序中的注释符号"/"有效。
	◯	选择性停止	当此按钮按下后,"M01"代码有效。
	➡	机械锁定	锁定机床。
	⩘	试运行	机床进入空运行状态。
	◉	进给保持	程序运行暂停,在程序运行过程中,按下此按钮运行暂停,按"循环启动"⎗恢复运行。
	⎗	循环启动	程序运行开始;系统处于"自动运行"或"MDI"位置时按下有效,其余模式下使用无效。
	◼	循环停止	程序运行停止,在数控程序运行中,按下此按钮停止程序运行。

三、FANUC 0i 数控机床的手动操作

1. 选择数控车床

（1）进入仿真系统

① 鼠标左键点击"开始"按钮,在"程序"目录中弹出"数控加工仿真系统"的子目录,在接着弹出的下级子目录中点击"加密锁管理程序",如图 1-1-6 所示。加密锁程序启动后,屏幕右下方工具栏中出现☎的图标。

图 1-1-6　数控加工仿真系统运行加密锁

② 重复上面的步骤,在最后弹出的目录中点击所需的数控加工仿真系统,系统

弹出"用户登录"界面,如图 1-1-7 所示。点击"快速登录"按钮或输入用户名和密码,再点击"登录"按钮,进入数控加工仿真系统。

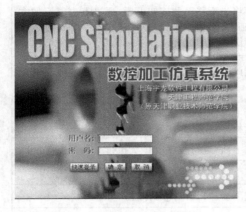
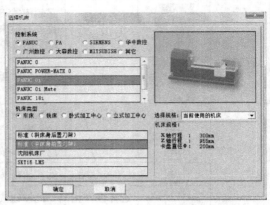

图 1-1-7　数控加工仿真系统登录界面　　　　**图 1-1-8　机床选择**

（2）选择机床类型

打开菜单"机床/选择机床"（或在工具栏中选择" ![按钮] "按钮）,在选择机床对话框中选择如图 1-1-8 所示的控制系统类型和相应的机床并按确定。

（3）激活车床

点击"启动"按钮 ![启动] ,此时车床电机和伺服控制的指示灯变亮 ![机床电机 伺服控制] 。

检查"急停"按钮是否松开至 ![图标] 状态,若未松开,点击"急停"按钮 ![图标] ,将其松开。

注意:机床操作时,可直接从"激活车床"步骤开始进行。

2. 回参考点

回参考点又称为回零,其目的是建立数控车床的坐标系统。开机后回参考点,可消除屏幕显示的随机动态坐标,使机床有个绝对的坐标基准。在连续重复的加工后,回参考点可消除进给运动部件的坐标累积误差。回参考点操作一般有手动回参考点及指令回参考点两种方法,手动回参考点的步骤见表 1-1-7。

表 1-1-7　手动回参考点步骤

序　号	操作步骤	操作内容
1	选择"回参考点"方式	检查操作面板上回原点指示灯是否亮 ![图标] ,若指示灯亮,则已进入回原点模式;若指示灯不亮,则点击"回原点"按钮 ![图标] ,转入回原点模式。

（续表）

序　号	操作步骤	操作内容
2	选择"快速倍率"的较低挡位	选择"快速倍率"选择开关到较低挡。降低移动速度,避免"超程"现象出现。
3	X 轴回零	点击操作面板上的"X 轴选择"按钮 X ,使 X 轴方向移动指示灯变亮 X ,点击"正方向移动"按钮 + ,此时 X 轴将回原点,X 轴回原点灯变亮 X原点灯 ,CRT 上的 X 坐标变为"600.00"。
4	Z 轴回零	点击操作面板上的"Z 轴选择"按钮 Z ,点击"正方向移动"按钮 + ,此时 Z 轴将回原点,Z 轴回原点灯变亮 X原点灯 Z原点灯 ,CRT 上的 Z 坐标变为"1 010.00"。

3. 手动连续进给

手动连续进给可快速移动刀架到指定位置,其操作步骤见表 1-1-8。

表 1-1-8　手动连续进给步骤

序　号	操作步骤	操作内容
1	选择"手动连续进给"方式	点击操作面板上的"手动"按钮 ,使其指示灯亮 ,机床进入手动模式
2	选择"快速倍率"的挡位	调节主轴运行时的进给速度倍率开关到适当挡位。
3	选择进给轴	分别点击 X , Z 键,选择移动的坐标轴
4	选择进给方向	分别点击 + , − 键,控制机床的移动方向

4. 主轴运动控制

点击 控制主轴的转动和停止。

注:刀具切削零件时,主轴需转动。加工过程中刀具与零件发生非正常碰撞后(非正常碰撞包括车刀的刀柄与零件发生碰撞;铣刀与夹具发生碰撞等),系统弹出警告对话框,同时主轴自动停止转动,调整到适当位置,继续加工时需再次点击 按钮,使主轴重新转动。

5. 手动脉冲进给

在手动连续方式或在对刀需精确调节机床时,可用手动脉冲方式调节机床,操作方式见表 1-1-9。

表 1-1-9　手动脉冲方式进给步骤

序　号	操作步骤	操作内容
1	选择"手轮"方式	点击操作面板上的"手动脉冲"按钮或，使指示灯变亮。点击按钮H，显示手轮。再次点击H，可隐藏手轮。
2	选择"快速倍率"的挡位	鼠标对准"手轮进给速度"旋钮，点击左键或右键，选择合适的脉冲当量。
3	选择进给轴	鼠标对准"轴选择"旋钮，点击左键或右键，选择坐标轴。
4	选择进给方向	鼠标对准手轮，点击左键或右键，精确控制机床的移动。

四、FANUC 0i 数控车床 MDI 运行

1. 数控车床的坐标系统

在数控车床上，车床的动作是由数控装置来控制的，为确定数控车床上的成形运动和辅助运动，必须先确定机床上运动的位移和运动的方向，这就需要通过坐标系来实现，这个坐标系被称之为机床坐标系。

数控车床的坐标系统采用右手笛卡尔直角坐标系，如图 1-1-9 所示。基本坐标轴为 X、Y、Z，相对于每个坐标轴的

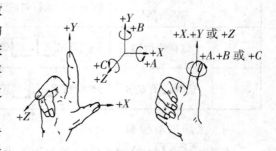

图 1-1-9　右手笛卡尔直角坐标系统

旋转运动坐标轴为 A、B、C。大拇指方向为 X 轴的正方向；食指为 Y 轴的正方向；中指为 Z 轴的正方向。

Z 轴定义为平行于车床主轴的坐标轴，Z 坐标的正向为刀具离开工件的方向，如图 1-1-10 所示。

数控车床 X 坐标的方向在工件的径向上，且平行于横滑座。刀具离开工作旋转中心的方向为 X 轴的正方向，如图 1-1-10 所示。

Y 轴按笛卡尔直角坐标系右手定则法来确定。

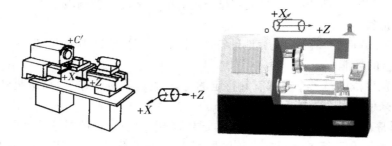

图 1-1-10　数控车床的坐标系

2. 机床原点与参考点

（1）机床原点

机床原点是指在机床上设置的一个固定点，它在机床装配、调试时就已确定下来，是数控机床进行加工运动的基准参考点。在数控车床上，机床原点一般取在卡盘端面与主轴中心线的交点处，见图 1-1-11。

（2）机床参考点

机床参考点是用于对机床运动进行检测和控制的固定位置点。机床参考点的位置是由机床制造厂家在每个进给轴上用限位开关精确调整好的，坐标值已输入数控系统中。因此参考点对机床原点的坐标是一个已知数。通常在数控车床上机床参考点是离机床原点最远的极限点。如图 1-1-11 所示。

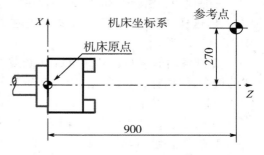

图 1-1-11　数控车床机床原点与参考点

数控机床开机时，必须先确定机床原点，而确定机床原点的运动就是刀架返回参考点的操作，这样通过确认参考点，就确定了机床原点。只有机床参考点被确认后，刀具（或工作台）移动才有基准。

3. 基本编程指令

（1）字符与代码

字符是用来组织、控制或表示数据的一些符号，如数字、字母、标点符号、数学运算符等。国际上广泛采用两种标准代码：ISO 国际标准化组织代码和 EIA 美国电子工业协会标准代码。这两种标准代码的编码方法不同，在大多数现代数控机床上这两种代码都可以使用，只需用系统控制面板上的开关来选择，或用 G 功能指令来选择。

代码可分为模态代码和非模态代码。模态代码（也称为续效字）在一个程序中一经指定，便可保持到以后程序段中直到出现同组的另一组代码时才失效；非模态代码（也称非续效字）只在所出现的程序段有效。

（2）字

在数控加工程序中，字是指一系列按规定排列的字符，作为一个信息单元进行存储、传递和操作。字是由一个英文字母与随后的若干位十进制数字组成,这个英文字母称为地址符。

如:"X2500"是一个字,X 为地址符,数字"2 500"为地址中的内容。

（3）字的功能

组成程序段的每一个字都有其特定的功能含义,实际工作中,请遵照机床数控系统说明书来使用各个功能字。

① 顺序号字 N。顺序号又称程序段号或程序段序号。顺序号位于程序段之首,由顺序号字 N 和后续数字组成。顺序号字 N 是地址符,后续数字一般为 1～4 位的正整数。数控加工中的顺序号实际上是程序段的名称,与程序执行的先后次序无关。数控系统不是按顺序号的次序来执行程序,而是按照程序段编写时的排列顺序逐段执行。

顺序号的作用:对程序的校对和检索修改;作为条件转向的目标,即作为转向目的程序段的名称。有顺序号的程序段可以进行复归操作,即:加工可以从程序的中间开始,或回到程序中断处开始。

一般使用方法:编程时将第一程序段冠以 N10,以后以间隔 10 递增的方法设置顺序号,这样,在调试程序时,如果需要在 N10 和 N20 之间插入程序段时,就可以使用 N11、N12 等。

② 准备功能字 G。又称为 G 功能或 G 指令,是使数控机床建立起某种加工方式的指令,如插补、刀具补偿、固定循环等。G 指令由地址符和其后两位数字组成,从 G00～G99 共 100 种。

③ 尺寸字。尺寸字用于确定机床上刀具运动终点的坐标位置。

其中,第一组 X,Y,Z,U,V,W,P,Q,R 用于确定终点的直线坐标尺寸;第二组 A,B,C,D,E 用于确定终点的角度坐标尺寸;第三组 I,J,K 用于确定圆弧轮廓的圆心坐标尺寸。在一些数控系统中,还可以用 P 指令暂停时间、用 R 指令圆弧的半径等。

多数数控系统可以用准备功能字来选择坐标尺寸的制式,如 FANUC 诸系统可用 G21/G22 来选择米制单位或英制单位,也有些系统用系统参数来设定尺寸制式。采用米制时,一般单位为 mm,如 X100 指令的坐标单位为 100 mm。当然,一些数控系统可通过参数来选择不同的尺寸单位。

④ 进给功能字 F。进给功能字的地址符是 F,又称为 F 功能或 F 指令,用于指定切削的进给速度,如 F300 表示进给速度为 300 mm/min。对于车床,F 可分为每分钟进给和主轴每转进给两种,对于其他数控机床,一般只用每分钟进给。F 指令在螺纹切削程序段中常用来指令螺纹的导程。

⑤ 主轴转速功能字 S。又称为 S 功能或 S 指令,用于指定主轴转速。单位为 r/min。对于具有恒线速度功能的数控车床,程序中的 S 指令用来指定车削加工的线速度数。S 代码只是设定主轴转速的大小,并不会使主轴旋转,必须有 M03 或 M04 指令,主轴才开始旋转。

⑥ 刀具功能字 T。又称为 T 功能或 T 指令,用于指定加工时所用刀具的编号。

数控车床程序中的 T 代码后的数字既包含所选择刀具号,也包含刀具补偿号,如 T0102 表示选择 1 号刀,调用 2 号刀具参数进行长度和刀尖半径补偿用。具体应用时应参照数控机床说明书。

⑦ 辅助功能字 M。辅助功能字的地址符是 M,后续数字一般为 1～3 位正整数,又称为 M 功能或 M 指令,用于指定数控机床辅助装置的开关动作,表示机床的各种辅助动作及其状态。数控车床常用 M 指令见表 1-1-10。

表 1-1-10 数控车床常用辅助功能代码

M 指令		执 行 内 容
M00	程序暂停	执行 M00 指令后,主轴停转,进给停止,冷却液关闭,程序停止执行。其作用是以便进行某一固定的手动操作,如手动变速,换刀等。当程序运行停止时,全部现存的模态信息保持不变,固定操作完成后,重按启动键,便可继续执行下一段程序段。
M02	程序结束	执行该指令后,表示程序内所有指令均已完成,因而切断机床所有动作,机床复位。但程序结束后,不返回到程序开头的位置。
M30	纸带结束（程序结束）	执行该指令后,除完成 M02 的内容外,还自动返回到程序开头的位置。为加工下一个工件做好准备。
M03/M04/M05	主轴控制	分别表示主轴正转、反转和主轴停止转动。
M08/M09	切削液开闭	分别表示切削液的开启和关闭。

4. FANUC 0i 数控车床的 MDI 运行

MDI 运行用于主轴启动操作、对刀操作、检测工件坐标系的正确性等。在 MDI 运行方式中,操作者通过操作键盘上的键,可以编制最多 6 行程序并执行,但在 MDI 运行方式中建立的程序不能储存。

（1）MDI 运行步骤

以 MDI 运行方式设置主轴转速以 500 r/min 的转速正转,操作步骤见表1-1-11。

表 1-1-11 MDI 运行步骤

序 号	操 作 步 骤	操 作 内 容
1	选择"MDI"方式	点击操作面板上 [▶] 按钮,系统进入 MDI 模式,手动输入并执行指令。
2	选择程序画面	按键盘上的功能键"PROG",选择程序画面,系统自动输入程序号"O0000"。
3	输入程序内容"M03 S500"	按键盘上的键"[EOB]","[INSERT]"换行。输入"M03S500、[EOB]、[INSERT]"。
4	执行程序	按 [↑],将光标移动程序头,即"O0000"处。按操作面板上的循环启动按钮 [▷],执行程序。

重复以上操作步骤,只要改变输入程序的内容,数控机床即可实现不同的功能。

输入 M05 指令,主轴停止;输入 T0101,选用 1 号刀具;输入 T0202,选用 2 号刀具;输入 G00 X __ Z __,刀具快速移动到指定坐标点,输入 G01 X __ Z __ F __ 指令,刀具直线进给到指定坐标点。

（2）结束 MDI 运行

按键盘上的键"RESET",自动运行结束并进入复位状态。若在移动期间复位时,则机床移动减速然后停止。

图 1-1-12 毛坯定义

五、手动车削定位销

1. 机床准备

开机,激活机床,回参考点。

（1）定义毛坯

打开菜单"零件/定义毛坯"或在工具条上选择"⬭",系统打开图 1-1-12 所示对话框。

名字输入:在毛坯名字输入框内输入毛坯名,也可使用缺省值。

选择毛坯材料:毛坯材料列表框中提供了多种供加工的毛坯材料,在"材料"下拉列表中选择毛坯材料"45♯钢"。

尺寸输入:在参数输入框中输入毛坯的直径（45）和长度（100）,单位为毫米。

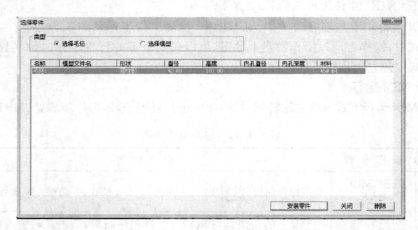

图 1-1-13 "选择零件"对话框

（2）放置零件

打开菜单"零件/放置零件"命令或者在工具条上选择图标 ⬧ ,系统弹出操作对话框,如图 1-1-13 所示。

在列表中点击所需的零件,选中的零件信息加亮显示,按下"安装零件"按钮,系统自动关闭对话框,零件将被放到机床上。

（3）调整零件位置

毛坯放入卡盘后，系统将自动弹出一个小键盘（如图 1-1-14 所示），通过按动小键盘上的方向按钮，实现零件的平移和旋转。小键盘上的"退出"按钮用于关闭小键盘。选择菜单"零件/移动零件"也可以打开小键盘。

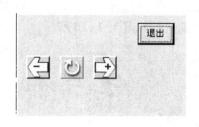

（a）小键盘   （b）装夹零件

图 1-1-14   调整零件位置

（4）选用刀具

系统中数控车床允许同时安装 8 把刀具（后置刀架）或者 4 把刀具（前置刀架）。对话框图 1-1-15。

① 选用并安装外圆车刀

打开菜单"机床/选择刀具"或者在工具条中选择""，系统弹出刀具选择对话框。其操作步骤如图 1-1-15 所示。

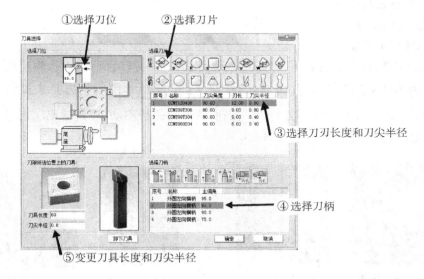

图 1-1-15   外圆车刀选择对话框

点击所需的刀位（01 号刀位）。该刀位对应程序中的 T01～T08（T04）→选择刀片（刀尖角度），然后在刀片列表框中选择对应的刀刃长度和刀尖半径→选择刀柄类型,然后在刀柄列表框中选择合适的主偏角→变更刀具长度和刀尖半径。"选择车刀"完成后,该界面的左下部位显示出刀架所选位置上的刀具。其中显示的"刀具长度"和"刀尖半径"均可以由操作者修改。如图1-1-15所示。

② 选用并安装切槽刀

在刀架图中点击所需的刀位(02号刀位)。依次选择刀片(方头切槽刀片、宽度及刀尖半径),刀柄(切槽深度),点击"确认"按钮。如图1-1-16所示。

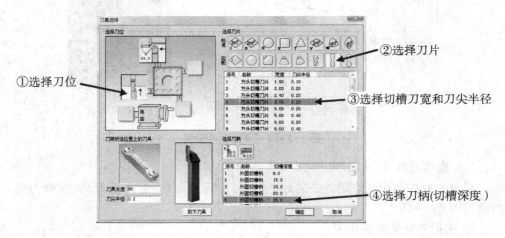

图1-1-16　切槽刀选择对话框

在刀架图中点击要拆除刀具的刀位,点击"卸下刀具"按钮可拆除刀具。

2. 手动车削零件

(1) 试切工件

① 试切工件端面

启动主轴,在手动方式下,将刀具移动到图1-1-17(a)所示位置,将进给倍率开关设置为50%,点击"X轴方向选择"按钮 X ,点击 − ,用所选刀具来试切工件端面,如图1-1-17(b)所示。然后按 + 按钮,Z方向保持不动,刀具退出。记录下此时屏幕上显示的Z_A坐标值(139.404)。

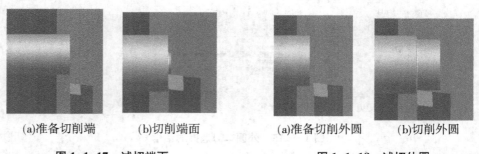

(a)准备切削端　　(b)切削端面　　　　　(a)准备切削外圆　　(b)切削外圆

　　图1-1-17　试切端面　　　　　　　　**图1-1-18　试切外圆**

② 试切工件外圆

在机床手动操作模式,将机床移到如图1-1-18(a)所示的大致位置。

点击"Z 轴方向选择"按钮 $\boxed{Z}$，点击 $\boxed{-}$，用所选刀具来试切工件外圆，如图 1-1-18(b)所示。然后按 $\boxed{+}$ 按钮，X 方向保持不动，刀具退出。记录下此时屏幕上显示的 X_0 坐标值(254.377)。

③ 测量切削位置的直径

点击操作面板上的 $\boxed{\exists}$ 按钮，使主轴停止转动，点击菜单"测量/坐标测量"，如图 1-1-19 所示，点击试切外圆时所切线段，选中的线段由红色变为黄色。记录下半部对话框中对应的 X 的值(即直径 43.233)，退出测量。

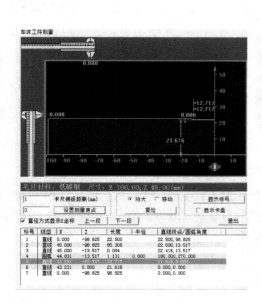

图 1-1-19 测量直径

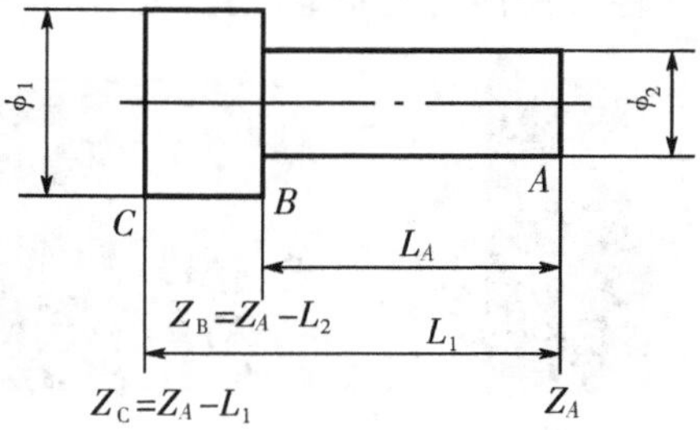

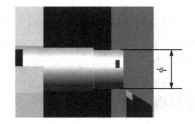

图 1-1-20 Z 坐标计算

图 1-1-21 车削准备

(2) 车 ϕ40 外圆

① 车削长度控制

启动主轴，将机床移到如图 1-1-21 所示的大致位置。

在试切端面时，记录下端面的 Z_A 坐标为 139.404，若要保证车削后的长度为 70，则 C 点的 Z 坐标可通过下式计算得到：$Z_C = Z_A - L_1 = 139.404 - 70 = 69.404$。

为保证切削长度，Z 坐标建议切削到 68.404。

② 车削直径控制

在试切外圆时，记录下 $\phi = 43.233$ 时，X_0 坐标为 254.377，则 C 点的 X 坐标为

$$X_C = X_0 - (43.233 - 40) = 254.377 - 3.233 = 251.144$$

③ 车削 ϕ40 外圆

选择 MDI 状态，输入程序 G98 G01 Z69.404 F100。

切换到手动模式，将刀具沿 X 方向正向退出，并将刀具移动至安全位置。

（3）车 $\phi25$ 外圆

启动主轴，将机床移到如图 1-1-21 所示的大致位置，建议参考坐标为（236.144，145）。

B 点的 Z 坐标为：$Z_B=Z_A-L_2=139.404-50=89.404$。

B 点的 X 坐标为：$X_B=X_0-(43.233-25)=254.377-3.233=236.144$。

选择 MDI 状态，输入程序 G98 G01 Z89.404 F100。

切换到手动模式，将刀具沿 X 方向正向退出，并将刀具移动至安全位置。

（4）切断

将刀具移动至安全位置，在 MDI 模式下，输入程序 T0202，选用 2 号刀位刀具。

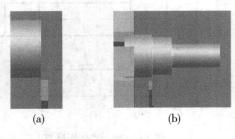

图 1-1-22　切断

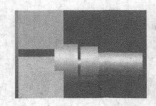

图 1-1-23　车削效果图

启动主轴，将机床移到如图 1-1-22(a)所示的大致位置（切断刀左侧刀刃与工件端面平齐），记录下此时 Z 坐标值（138.786）。将切断刀移动到 1-1-22(b)所示位置，Z_C 坐标为：$Z_C=138.786-70-3=65.786$，手动将工件切断。最终切削效果如图 1-1-23 所示。

【巩固提高】

运用 FANUC 0i 数控车床（或运用数控仿真系统）加工如图 1-1-24 所示零件，材料为 45 钢，毛坯尺寸为 $\phi40$ mm×72 mm。

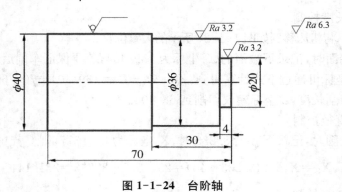

图 1-1-24　台阶轴

项目二　数控车削锥轴

【工作任务】

锥轴零件图如图 1-2-1 所示。毛坯尺寸 $\phi45\,mm \times 100\,mm$，材料为 45 钢。要求确定零件加工方案，编写零件的数控加工程序，完成零件的数控车削加工。

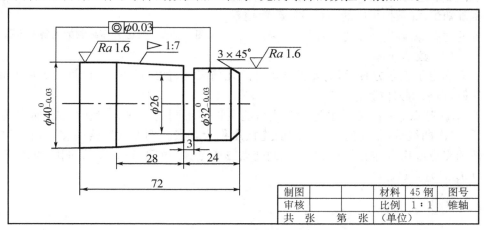

图 1-2-1　锥轴

【学习目标】

1. 了解数控程序的基本格式、编制步骤及编制方法。
2. 能根据要求选择合适的切削用量。
3. 熟悉 FANUC 0i 系统常用的车削编程指令，能编写由圆锥面、圆柱面、槽等要素组成的轴类零件的数控加工程序。
4. 能熟练运用数控仿真系统调试数控程序。

一、编程入门

从数控系统外部输入的直接用于加工的程序称为数控加工程序，简称为数控程序。理想的数控程序不仅应保证加工的零件符合零件图样要求，还应使数控机床的功能得到合理的应用与充分的发挥，使数控机床能安全、可靠、高效地工作。

数控系统的种类繁多,它们使用的数控程序语言规则和格式也不尽相同,当针对某一台数控机床编制加工程序时,应该严格按机床编程手册中的规定进行程序编制。

1. 数控加工程序编制的步骤

数控编程是指从零件图纸到获得数控加工程序的全部工作过程,如图 1-2-2 所示。数控编程工作主要包括:

(1) 分析零件图样和制定工艺方案

这项工作的内容包括:对零件图样进行分析,明确加工的内容和要求;确定加工方案;选择适合的数控机床;选择或设计刀具和夹具;确定合理的走刀路线及选择合理的切削用量等。这一工作要求编程人员能够对零件图样的技术特性、几何形状、尺寸及工艺要求进行分析,并结合数控机床使用的基础知识,如数控机床的规格、性能、数控系统的功能等,确定加工方法和加工路线。

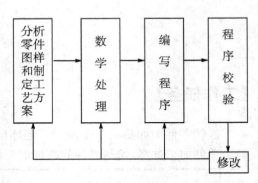

图 1-2-2   数控程序编制的内容及步骤

(2) 数学处理

确定了工艺方案后,需要根据零件的几何尺寸、加工路线等,计算刀具中心运动轨迹,以获得刀位数据。

① 基点。一个零件的轮廓曲线可能由许多不同的几何元素所组成,如直线、圆弧、二次曲线等,各几何元素之间的连接点称为基点。例如两直线的交点,直线与圆弧的交点或切点,圆弧与二次曲线的交点或切点等。如图 1-2-3 示,图中的 A、B、C、D、E 即为基点。

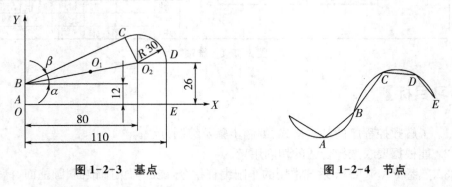

图 1-2-3   基点   图 1-2-4   节点

② 节点。数控机床通常只有直线和圆弧插补功能,如要加工圆、双曲线、抛物线等曲线时,只能用直线或圆弧去逼近被加工曲线,逼近线段与被加工曲线的交点称为节点。如图 1-2-4 示,图中的 A、B、C、D、E 等即为节点。

③ 刀具中心轨迹的数据。在编程过程中,有时编程轨迹和零件轮廓并不完全重合。对于没有刀具半径补偿功能的机床,当零件轮廓节点数据算出以后,还要计算刀具中心轨迹的数据,将此数据输入数控系统,便可控制机床刀具中心轨迹运动,由刀具外圆加工出零件形状。对于有刀具半径补偿功能的机床,只要程序中加入有关的

补偿指令,就会在加工中进行自动偏置补偿。

④ 尺寸换算。当图样上的尺寸基准与编程所需的尺寸基准不一致,应先将图样上的基准尺寸换算为编程坐标系中的尺寸,再进行下一步数学处理。

如图 1-2-5(b)所示,除尺寸 42.1 mm 外,其余均直接按如图 1-2-5(a)所示的标注尺寸经换算后得到的编程尺寸。其中三个尺寸为分别取两极限尺寸的平均值后得到的编程尺寸。

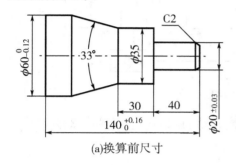
(a)换算前尺寸

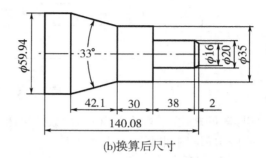
(b)换算后尺寸

图 1-2-5　标注尺寸换算

在取极限尺寸中值时,如果遇到有第三位小数值(或更多位小数),基准孔按照"四舍五入"的方法处理,基准轴则将第三位进上一位。

【**例 1-2-1**】　当孔尺寸为 $\phi 20_0^{+0.052}$ mm 时,其中值尺寸取 $\phi 20.03$ mm;

当轴尺寸为 $\phi 16_{-0.07}^0$ mm 时,其中值尺寸取 $\phi 15.97$ mm;

当孔尺寸为 $16_{+0.07}^0$ mm 时,其中值尺寸取 $\phi 16.04$ mm。

（3）编写零件加工程序

在完成工艺处理及数值计算等工作后,编程人员使用数控系统的程序指令,按照规定的程序格式,逐段编写加工程序。

（4）程序检验

在正式加工之前,需对程序进行检验。通常可采用机床空运转的方式,来检查机床动作和运动轨迹的正确性。在具有图形模拟显示功能的数控机床上,可通过显示走刀轨迹来模拟刀具对工件的切削过程对程序进行检查。对于形状复杂和要求高的零件,应进行零件的首件试切,当发现加工的零件不符合加工技术要求时,可修改程序或采取尺寸补偿等措施。

2. **数控程序编制的方法**

数控加工程序的编制方法主要有两种:手工编制程序和自动编制程序。

（1）手工编程

手工编程指主要由人工来完成数控编程中各个阶段的工作,如图 1-2-6 所示。当零件的几何形状不太复杂时,所需的加工程序相应也不长,计算也比较简单,用手工编程比较合适。

手工编程的特点:耗费时间较长,容易出现错误,无法胜任复杂形状零件的编程。据国外资料统计,当采用手工编程时,一段程序的编写时间与其在机床上运行加工的

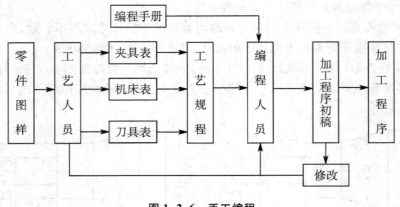

图 1-2-6　手工编程

实际时间之比,平均约为 30∶1,而数控机床不能开动的原因中有 20%～30% 是由于加工程序编制困难,编程时间较长。

(2) 计算机自动编程

自动编程是指在编程过程中,除了分析零件图样和制定工艺方案由人工进行外,其余工作均由计算机辅助完成。

采用计算机自动编程时,数学处理、编写程序、检验程序等工作是由计算机自动完成的,由于计算机可自动绘制出刀具中心运动轨迹,使编程人员可及时检查程序是否正确,需要时可及时修改,从而获得正确的程序。计算机自动编程可提高编程效率几十倍乃至上百倍,因此解决了手工编程无法解决的复杂零件的编程难题。

根据输入方式的不同,可将自动编程分为图形数控自动编程、语言数控自动编程和语音数控自动编程等。图形数控自动编程是指将零件的图形信息直接输入计算机,通过自动编程软件的处理,得到数控加工程序。目前,图形数控自动编程是使用最为广泛的自动编程方式。语言数控自动编程指将加工零件的几何尺寸、工艺要求、切削参数及辅助信息等用数控语言编写成源程序后,输入到计算机中,再由计算机进一步处理得到零件加工程序。语音数控自动编程是采用语音识别器,将编程人员发出的加工指令声音转变为加工程序。

3. 程序的结构组成

由程序号、程序内容和程序结束三部分组成一个完整的程序。

如:

O0001　　　　　　　　　　　　　　　　　　　程序号
N10　　G50　　X60　　Z50;
N20　　M03　　S600;
N30　　T01;
N40　　G00　　X40　　Z0;　　　　　　　　　程序内容
N50　　G01　　Z-20　　F50;
N60　　G00　　X60　　Z50;
N70　　M05;
N80　　M02;　　　　　　　　　　　　　　　　程序结束

① 程序号。即为程序的开始部分,为了区别存储器中的程序都要有程序编号,在编号前采用程序编号地址码。如在 FANUC 系统中采用英文字母"O"作为程序编号地址。而有的系统采用"P、％、:"等,书写时要单列一段。

② 程序内容。是整个程序的核心,是由许多程序段组成,每个程序段由一个或多个指令组成,它表示数控机床要完成的全部动作。每个程序段一般占一行。

③ 程序结束。用程序结束指令 M02 或 M30 作为整个程序结束的符号,结束整个程序。一般要求单列一段。

二、选择切削用量

1. 确定背吃刀量

背吃刀量 a_p 的选择根据加工余量确定。粗加工时(表面粗糙度 $R_a50\sim12.5\mu m$),在允许的条件下,尽量一次切除该工序的全部余量。中等功率机床,背吃刀量可达 $8\sim10$ mm。但对于加工余量大,一次走刀会造成机床功率或刀具强度不够时;或当加工余量不均匀,易引起振动时;或当刀具受冲击严重出现打刀等情况时,需要采用多次走刀。如分两次走刀,则第一次背吃刀量尽量取大,一般为加工余量的 $2/3\sim3/4$ 左右。第二次背吃刀量尽量取小些,第二次背吃刀量可取加工余量的 $1/3\sim1/4$ 左右。

半精加工时(表面粗糙度 $R_a6.3\sim3.2\mu m$),背吃刀量一般为 $0.5\sim2$ mm。

精加工时(表面粗糙度 $R_a1.6\sim0.8\mu m$),背吃刀量为 $0.1\sim0.4$ mm。

为方便数控车削加工工艺的具体制定,给出按查表法确定轧制圆棒料毛坯的模锻毛坯用于加工轴类零件的余量,见表 1-2-1 和表 1-2-2。

表 1-2-1　普通精度轧制用于轴类(外旋转面)零件的数控车削加工余量

直　径	表面加工方法	直径余量(按轴长取)(mm)							
		到 120		>120~260		>260~500		>500~800	
30	粗车和一次车	1.1	1.3	1.7	1.7	—	—		
	半精车	0.45	0.45	0.5	0.5	—	—		
	精车	0.2	0.25	0.25	0.25	—	—		
	细车	0.12	0.13	0.15	0.15	—	—		
30~50	粗车和一次车	1.1	1.3	1.8	1.8	2.2	2.2		
	半精车	0.45	0.45	0.45	0.45	0.5	0.5		
	精车	0.2	0.25	0.25	0.25	0.3	0.3		
	细车	0.12	0.13	0.13	0.14	0.16	0.16		
50~80	粗车和一次车	1.1	1.5	1.8	1.9	2.2	2.3	2.3	2.6
	半精车	0.45	0.45	0.45	0.5	0.5	0.5	0.5	0.5
	精车	0.2	0.25	0.25	0.25	0.25	0.3	0.17	0.3
	细车	0.12	0.13	0.13	0.15	0.14	0.16	0.18	0.18

注:① 直径小于 30 mm 的毛坯规定校直,不校直时必须增加直径,以达到能够补偿弯曲所需的数值。

② 阶梯轴按最大阶梯直径选取毛坯。

③ 表中每格前列数值是用中心孔安装时的车削余量,后列数值是用卡盘安装时的车削余量。

表 1-2-2　模锻毛坯用于轴类（外旋转面）零件的数控车削加工余量

直　径	表面加工方法	直径余量（按轴长取）(mm)							
		到 120		>120～260		>260～500		>500～800	
18	粗车和一次车 精车 细车	1.4 0.25 0.14	1.5 0.25 0.14	1.9 0.3 0.15	1.9 0.3 0.15	— — 	 	— — 	
18～30	粗车和一次车 精车 细车	1.5 0.25 0.14	1.6 0.25 0.14	1.9 0.3 0.14	2.0 0.3 0.15	2.3 0.3 0.16	2.3 0.3 0.16	— — 	
30～50	粗车和一次车 精车 细车	1.7 0.25 0.15	1.8 0.3 0.15	2.0 0.3 0.15	2.3 0.3 0.16	2.7 0.3 0.17	30. 0.3 0.19	3.5 0.35 0.21	3.5 0.35 0.21
50～80	粗车和一次车 精车 细车	2.0 0.3 0.16	2.2 0.3 0.16	2.6 0.3 0.17	2.9 0.3 0.18	2.9 0.3 0.18	3.4 0.35 0.2	3.6 0.35 0.2	4.2 0.4 0.22

　　注：① 直径小于 30 mm 的毛坯规定校直，不校直时必须增加直径，以达到能够补偿弯曲所需的数值。

　　　　② 阶梯轴按最大阶梯直径选取毛坯。

　　　　③ 表中每格前列数值是用中心孔安装时的车削余量，后列数值是用卡盘安装时的车削余量。

2. 确定进给量

　　进给量 f 的选取应该与背吃刀量和主轴转速相适应。在保证工件加工质量的前提下，可以选择较高的进给速度（2 000 mm/min 以下）。

　　粗加工时，根据工件材料、车刀刀杆直径、工件直径和背吃刀量按表 1-2-3 进行选取。从表 1-2-3 可以看出，在背吃刀量一定时，进给量随着刀杆尺寸和工件尺寸的增大而增大；加工铸铁时，切削力比加工钢件时小，可以选取较大的进给量。

表 1-2-3　硬质合金车刀粗车外圆及端面的进给量参考值

工件材料	车刀刀杆 尺寸(mm)	工件直径 (mm)	背吃刀量 a_p(mm)				
			≤3	>3～5	>5～8	>8～12	>12
			进给量 f(mm/r)				
合金结构钢耐热钢　碳素结构钢	16×25	20	0.3～0.4	—			
		40	0.4～0.5	0.3～0.4	—		
		60	0.5～0.7	0.4～0.6	0.3～0.5		
		100	0.6～0.9	0.5～0.7	0.5～0.6	0.4～0.5	
		400	0.8～1.2	0.7～1.0	0.6～0.8	0.5～0.6	
	20×30 25×25	20	0.3～0.4	—			
		40	0.4～0.5	0.3～0.4	—		
		60	0.6～0.7	0.5～0.7	0.4～0.6	—	
		100	0.8～1.0	0.7～0.9	0.5～0.7	0.4～0.7	
		400	1.2～1.4	1.0～1.2	0.8～1.0	0.6～0.9	0.4～0.6

（续表）

工件材料	车刀刀杆尺寸(mm)	工件直径(mm)	背吃刀量 a_p(mm)				
			≤3	>3~5	>5~8	>8~12	>12
			进给量 f(mm/r)				
铸铁及合金钢	16×25	40	0.4~0.5	—	—	—	—
		60	0.6~0.8	0.5~0.8	0.4~0.6	—	—
		100	0.8~1.2	0.7~1.0	0.6~0.8	0.5~0.7	—
		400	1.0~1.4	1.0~1.2	0.8~1.0	0.6~0.8	—
	20×30	40	0.4~0.5	—	—	—	—
		60	0.6~0.9	0.5~0.8	0.4~0.7	—	—
	25×25	100	0.9~1.3	0.8~1.2	0.7~1.0	0.5~0.78	—
		400	1.2~1.8	1.2~1.6	1.0~1.3	0.9~1.0	0.7~0.9

　　精加工与半精加工时，可根据加工表面粗糙度要求按表选取，同时考虑切削速度和刀尖圆弧半径因素。如表 1-2-4 所示。

表 1-2-4　按表面粗糙度选择进给量的参考值

工件材料	表面粗糙度 R_a(μm)	切削速度范围 Vc(m/min)	刀尖圆弧半径 r_ε(mm)		
			0.5	1.0	2.0
			进给量 f(mm/r)		
铸铁青铜铝合金	>5~10	不限	0.25~0.40	0.40~0.50	0.50~0.60
	>2.5~5		0.15~0.25	0.25~0.40	0.40~0.60
	>1.25~2.5		0.10~0.15	0.15~0.20	0.20~0.35
碳钢合金钢	>5~10	<50	0.30~0.50	0.45~0.60	0.55~0.70
		>50	0.40~0.55	0.55~0.65	0.65~0.70
	>2.5~5	<50	0.18~0.25	0.25~0.30	0.30~0.40
		>50	0.25~0.30	0.30~0.35	0.30~0.50
	>1.25~2.5	<50	0.10~0.15	0.11~0.15	0.15~0.22
		50~100	0.11~0.16	0.16~0.25	0.25~0.35
		>100	0.16~0.20	0.20~0.25	0.25~0.35

　　3. 确定主轴转速

　　切削速度的选取原则是：粗车时，因背吃刀量和进给量都较大，应选较低的切削速度，精加工时选择较高的切削速度；加工材料强度硬度较高时，选较低的切削速度，反之取较高切削速度；刀具材料的切削性能越好，切削速度越高。需要注意的是，交流变频调速的数控车床低速输出力矩小，因而切削速度不能太低。表 1-2-5 列出硬质合金外圆车刀切削速度的参考值。

　　光车外圆时主轴转速应根据零件上被加工部位的直径，并按零件和刀具材料以及加工性质等条件所允许的切削速度来确定。其计算公式为：

$$n = 1\,000\,V_c/\pi d \quad (r/min)$$

表 1-2-5　硬质合金外圆车刀切削速度的参考值

工件材料	热处理状态	a_p(mm)		
		(0.3,2]	(2,6]	(6,10]
		f(mm/r)		
		(0.08,0.3]	(0.3,0.6]	(0.6,1)
		V_c(m/min)		
低碳钢、易切钢	热轧	140～180	100～120	70～90
中碳钢	热轧	130～160	90～110	60～80
	调质	100～130	70～90	50～70
合金结构钢	热轧	100～130	70～90	50～70
	调质	80～110	50～70	40～60
工具钢	退火	90～120	60～80	50～70
灰铸铁	HBS＜190	90～120	60～80	50～70
	HBS＝190～225	80～110	50～70	40～60
高锰钢		10～20		
铜及铜合金		200～250	120～180	90～120
铝及铝合金		300～600	200～400	150～200
铸铝合金（WSi13％）		100～180	80～150	60～100

注：切削钢及灰铸铁时刀具耐用度约为 60 min。

三、车削编程

1. 数控车床的编程特点

数控车床的编程有直径、半径两种方法。直径编程是指 X 轴上的有关尺寸为直径值，半径编程是指 X 轴上的有关尺寸为半径值。目前数控车床普遍采用直径编程。

数控车床加工的毛坯大多为圆棒料，加工余量较大，一个表面往往需要进行多次反复的加工。为简化加工程序，数控车床的数控系统中一般都有车外圆、车端面和车螺纹等不同形式的循环功能。同时，为方便编程，数控车床的数控系统中都有刀具补偿功能。

2. 基本编程方法

（1）工作坐标系及其设定

① 编程坐标系。编程人员根据零件图样及加工工艺等建立的坐标系。确定编

程坐标系时,主要根据加工零件图样及加工工艺要求选定编程坐标系及编程原点,而不必考虑工件毛坯在机床上的实际装夹位置。

编程原点应尽量选择在零件的设计基准或工艺基准上,编程坐标系中各轴的方向应该与所使用的数控机床相应的坐标轴方向一致。如图 1-2-7 所示 O_2 即为编程坐标系原点。

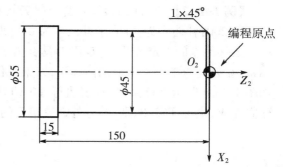

图 1-2-7　编程坐标系与编程原点

② 工件坐标系。工件坐标系是指以确定的加工原点为基准所建立的坐标系。加工原点也称为程序原点,是指零件被装夹好后,相应的编程原点在机床坐标系中的位置。

在加工过程中,数控机床是按照工件装夹好后所确定的加工原点位置和程序要求进行加工的。编程人员在编制程序时,只要根据零件图样就可以选定编程原点、建立编程坐标系。对于加工人员来说,则应在装夹工件、调试程序时,将编程原点转换为加工原点,并确定加工原点的位置,在数控系统中给予设定(即给出原点设定值)。

③ 工件坐标系的设定

工件坐标系可以通过以下三种方式来建立:使用 G50 指令通过刀具起始点来设定加工坐标系;使用 G54~G59 设定工件坐标系;使用 T 指令建立工件坐标系。

(2) 绝对值方式及增量值方式编程

编写程序时,可以用绝对值方式编程,也可以用增量值方式编程,或者二者混合编程。用绝对值方式编程时,程序段中的轨迹坐标都是相对于某一固定编程坐标系原点所给定的绝对尺寸,用 X、Z 及其后面的数字表示。用增量值编程时,程序段中的轨迹坐标都是相对于前一位置坐标的增量尺寸,用 U、W 及其后的数字分别表示 X、Z 方向的增量尺寸。

在数控车床上编程时,不论是按绝对值方式编程,还是按增量值方式编程,X、U 坐标值应以实际位移量乘以 2,即以直径方式输入,且有正负号。Z、W 坐标值为实际位移量。这种规定同样适用于后面指令。

3. T 指令

在数控车床上进行加工粗车、精车、车螺纹、切槽等加工时,对加工中所需要的每一把刀具分配一个号码,通过在程序中指定所需刀具的号码,机床就选择相应的刀具。

编程时,常设定刀架上各刀在工作位时,其刀尖位置是一致的。但由于刀具的几何形状及安装的不同,其刀尖位置各不一致,各刀具相对于工件原点的距离也不相同(如图 1-2-9)。因此需要将各刀具的位置值进行比较或设定,称为刀具的偏置补偿。刀具的补偿功能由 T 指令指定。

　　　　T 指令格式　　　　　　T ＿ ＿ ＿ ＿;

其中指令 T 后的前两位表示刀具号,后两位为刀具补偿号。刀具补偿号是刀具偏置补偿寄存器的地址号,该寄存器存放刀具的 X 轴和 Z 轴偏置补偿值、刀具 X 轴和 Z 轴磨损补偿值。系统对刀具的补偿或取消都是通过拖板的移动来实现的。

【**例 1-2-2**】 T0202;表示选择 2 号刀具和 2 号刀补。

T0200:补偿号为 00 表示补偿量为 0,即取消 2 号刀具补偿功能。

工件原点的设定方式,也常用刀具补偿量来进行设定,用 T 指令设定的工件坐标系,在刀具与工件不干涉的前提下,刀架在任何位置都可以启动程序加工。如建立如图 1-2-8 所示坐标系时,只要执行 T0101,则 01 号外圆粗车刀的工件坐标系即可建立完成;执行 T0303,则 03 号外螺纹车刀的工件坐标系即可建立完成。

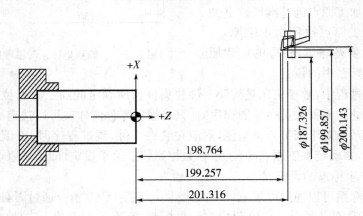

图 1-2-8 刀具偏置与工件坐标系的建立

4. G 指令

(1) 设定进给模式(G99、G98)

① 每转进给模式 G99

指令格式:G99 __F__;

该指令 F 后面直接指定主轴转一转刀具的进给量,如图 1-2-9(a)所示。G99 为模态指令,在程序中指定后,直到 G98 被指定前,一直有效。

② 每分钟进给模式 G98

指令格式:G98 __F__;

该指令 F 后面直接指定刀具每分钟的进给量,如图 1-2-9(b)所示。G98 也为模态指令。

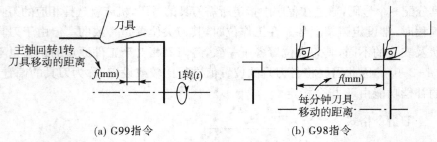

图 1-2-9 进给功能 G99 和 G98

每分钟进给量（mm/min）＝ 每转进给量（mm/r）×主轴转速（r/min）

（2）快速定位 G00

G00 指令使刀具以系统预先设定的速度移动定位至所指定的位置。

指令格式：G00 X(U)＿ Z(W)＿

式中：X、Z——绝对编程时目标点在工件坐标系中的坐标；

　　　　U、W——增量编程时刀具移动的距离。

指令说明：

① G00 指令中的快移速度由机床参数"快移进给速度"对各轴分别设定，所以快速移动速度不能在地址 F 中规定，快移速度可由面板上的快速修调按钮修正。

② 在执行 G00 指令时，由于各轴以各自的速度移动，不能保证各轴同时到达终点，因此联动直线轴的合成轨迹不一定是直线，操作者必须格外小心，以免刀具与工件发生碰撞。

③ G00 为模态功能，可由 G01、G02、G03 等功能注销。

④ 目标点位置坐标可以用绝对值，也可以用相对值，也可以混用。

【例 1-2-3】　如图 1-2-10 所示，刀具坐标原点 O 依次沿 A→B→C→D 运动，分别用绝对值方式和增量值方式编程程序如表 1-2-6 所示。

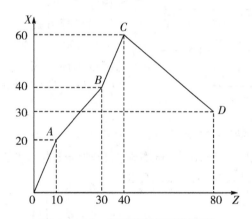

图 1-2-10　绝对值与增量值编程

表 1-2-6　绝对值与增量值编程

绝对值编程		增量值编程
N01　G00　X40.0　Z10.0	（O→A）	N01　G00　U40.0　W10.0
N02　X80.0　Z30.0	（A→B）	N02　U40.0　W20.0
N03　X120.0　Z40.0	（B→C）	N03　U40.0　W10.0
N04　X60.0　Z80.0	（C→D）	N04U－60.0　W40.0
N05　M02		N05　M02

（3）直线插补功能 G01

直线插补也称直线切削，它的特点是，刀具以直线插补运算联动方式从某坐标点移动到另一坐标点,移动速度由进给功能指令 F 来设定。机床执行 G01 指令时,在该程序段中必须含有 F 指令。G01 指令可分别完成车圆柱、圆锥和切槽等功能。

指令格式:G01　X(U)＿ Z(W)＿ F

式中:X、Z——为绝对编程时目标点在工件坐标系中的坐标;

　　　U、W——为增量编程时目标点坐标的增量(即刀具移动的距离);

　　　F——进给速度。F 中指定的进给速度一直有效直到指定新值,因此不必对每个程序段都指定 F。F 有两种表示方法,每分钟进给量(mm/min);每转进给量(mm/r)。

【例 1-2-4】 编写图 1-2-11 中 $\phi22$ 外圆柱车削程序。

绝对坐标方式:

　　　G01 X22 Z-35 F150

增量坐标方式:

　　　G01 U0 W-37 F150

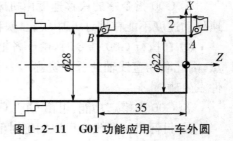

图 1-2-11　G01 功能应用——车外圆

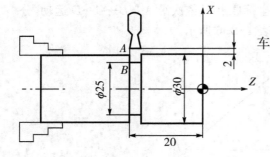

图 1-2-12　G01 功能应用——切槽

【例 1-2-5】 编写图 1-2-12 中 $\phi25$ 槽车削程序。

绝对坐标方式:

　　　G90 G01 X25 F30

增量坐标方式:

　　　G91 G01 X-9 F30

【例 1-2-6】 在图 1-2-13 中,选右端面与轴线交点 O 为工件坐标系原点,试分别按绝对值和增量值方式编写其精加工程序。

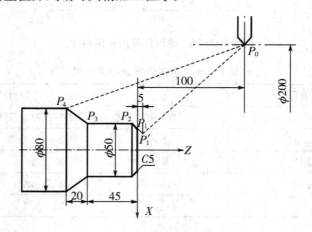

图 1-2-13　直线插补

建立工件坐标系如图 1-2-13 所示,其参考程序见表 1-2-7。

表 1-2-7　直线插补精加工参考程序

O1021	程序号	O1021
N10 T0101	选用刀具,设定坐标系	N10 T0101
N20　G98 G00 X200 Z100 M03 S800	快速定位,启动主轴	N20　G98 G00 X200 Z100 M03 S800
N30　G00 X30.0 Z5.0	$P_0 \rightarrow P_1'$ 点	N30 G00 U-170.0 W-95.0
N40　G01 X50.0 Z-5.0 F80.0	刀尖从 P_1' 点按 f 值进给运动到 P_2 点	N40 G01 U230.0 W-10.0 F80.0
N50　Z-45.0	$P_2 \rightarrow P_3$ 点	N50 W-40.0
N60　X80.0 Z-65.0	$P_3 \rightarrow P_4$ 点	N60 U30.0　W-20.0
N70　G00　X200　Z100	$P_4 \rightarrow P_0$ 点	N70 G00 U120.0 W165.0
N80　M05	主轴停	N80 M05
N90　M02	程序结束	N90 M02

（4）车削复合固定循环

复合循环车削指令 G70~G76 是为简化编程而提供的固定循环,使用复合循环指令时,只需依指令格式设定粗车时每次的切削深度、精车余量、进给量等参数,在接下来的程序段中给出精车时的加工路径,则 CNC 控制器即可自动计算出粗车的刀具路径,自动进行粗加工,可节省编程时间。

① 外圆粗切循环。外圆粗切循环适用于外圆柱面需多次走刀才能完成的粗加工,其刀具轨迹如图 1-2-14 所示。使用外圆粗切循环指令后,必须使用 G70 指令进行精车,使工件达到所要求的尺寸精度和表面粗糙度。

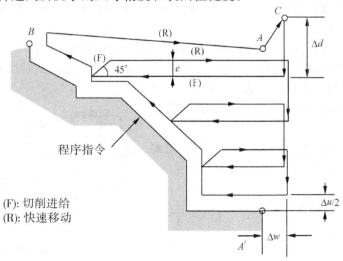

图 1-2-14　外圆粗切循环

指令格式：G71 U(Δd) R(e)

G71　P(ns)　Q(nf)　U(Δu)　W(Δw)　F(f)　S(s)　T(t)

式中：Δd——每次切削深度，半径值给定，不带符号，切削方向决定于 AA' 方向，该值是模态值；

e——退刀量，半径值给定，不带符号，该值为模态值；

ns——精加工轮廓程序段中开始程序段的段号；

nf——精加工轮廓程序段中结束程序段的段号；

Δu——X 轴向精加工余量；

Δw——Z 轴向精加工余量；

f、s、t——F、S、T 代码。

指令说明：

a. ns→nf 程序段中的 F、S、T 功能，即使被指定也对粗车循环无效。

b. 零件轮廓必须符合 X 轴、Z 轴方向同时单调增大或单调减少，即不可有内凹的轮廓外形。

c. 精加工程序段中的第一指令只能用 G00 或 G01，且不可有 Z 轴方向移动指令。

d. G71 指令只是完成粗车程序，虽然程序中编制了精加工程序，目的只是为了定义零件轮廓，但并不执行精加工程序，只有执行 G70 时才完成精车程序。

② 精加工循环。由 G71、G72、G73 完成粗加工后，可以用 G70 进行精加工。

指令格式　G70 P(ns) Q(nf)

式中：ns——精加工轮廓程序段中开始程序段的段号；

nf——精加工轮廓程序段中结束程序段的段号。

指令说明：

a. 必须在执行完 G71、G72 或 G73 指令后，才可使用 G70 指令。

b. G70 精加工循环一旦结束，刀具快速进给返回起始点，并开始读入 G70 循环的下一个程序段。

c. 在 G70 被使用的顺序号 ns～nf 间程序段中，不能调用子程序 。

d. 有复合循环指令的程序不能通过计算机以边传边加工的方式控制 CNC 车床。

【例 1-2-7】　毛坯尺寸为 $\phi32$ 棒料，材料为 45 钢，试车削成如图 1-2-15 所示圆锥小轴。

建立编程坐标系如图 1-2-15 所示，参考程序见表 1-2-8。

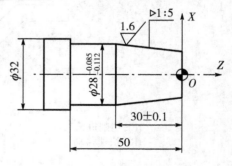

图 1-2-15　圆锥小轴

表 1-2-8　圆锥小轴加工参考程序

O1001	程序号
N10 T0101	选用 1 号刀具,建立工件坐标系
N20 G98 G00 X50 Z100	快速定位至换刀点
N30 M03 S600	主轴正转
N40 G00 X35 Z5	快速定位至起刀点
N50 G71 U2 R1	采用外圆粗切循环粗加工轮廓
N60 G71 P70 Q100 U0.5 W0.2 F200	
N70 G00 X14	轮廓起点
N80 G01 X28 Z-30 F100	加工圆锥
N90 Z-50	加工 $\phi28$ 外圆
N100 X33	加工端面,退出工件
N110 G70 P70 Q100	轮廓精加工
N120 G00 X50	X 向退刀
N130 Z100	Z 向退刀
N140 T0100	取消刀补
N150 M30	程序结束

　　③ 端面粗切循环。端面粗切循环适于 Z 向余量小,X 向余量大的棒料粗加工,其刀具轨迹与 G71 的运动轨迹相似,不同之处在于 G72 指令是沿着 X 轴方向进行切削加工的,如图 1-2-16 所示。

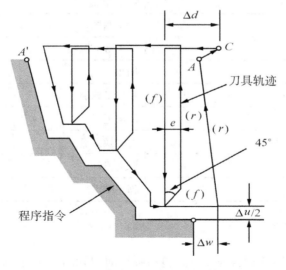

图 1-2-16　端面粗加工切削循环

指令格式：G72 U(Δ*d*) R(*e*)

　　　　　　G72 P(ns) Q(nf) U(Δ*u*) W(Δ*w*) F(f) S(s) T(t)

指令说明：

a. G72 指令轮廓必须是单调递增或递减，且"ns"开始的程序段必须以 G00 或 G01 方式沿着 Z 方向进刀，不能有 X 轴运动指令。

b. 其他方面与 G71 相同。

【例 1-2-8】　毛坯尺寸为 ϕ60 棒料，材料为 45 钢，试车削成如图 1-2-17 所示短轴。

建立工作坐标系如图 1-2-17 所示，用 G72 指令编制粗加工程序，用 G70 指令编制精加工程序，参考程序如表 1-2-9 所示。

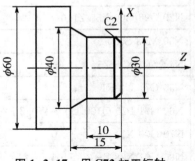

图 1-2-17　用 G72 加工短轴

表 1-2-9　短轴加工参考程序

O1002	程序号
N10 T0101	选用 1 号刀具，建立工件坐标系
N20 G00 X50 Z100	快速定位至换刀点
N30 G98 M03 S600	主轴正转
N40 G00 X62 Z2	快速定位至起刀点
N50 G72 U2 R1	采用端面粗切循环粗加工轮廓
N60 G72 P70 Q100 U0.5 W0.2 F200	
N70 G00 Z-15	快速定位至定点(X62,Z-15)
N80 G01 X40 F100	加工端面
N90 X30 Z-10	加工圆锥
N100 Z-2	加工 ϕ30 圆柱
N110 X22 Z2	倒角
N120 G70 P70 Q100	精加工轮廓
N130 G00 X50	X 向退刀
N140 Z100	返回换刀点
N150 T0100	取消刀补
N160 M30	程序结束

5. 锥轴车削编程

(1) 工艺分析

① 根据图样，零件材料为 45 钢，包括圆柱面、圆锥面、倒角、槽等加工，表面粗糙度 R_a1.6 μm。选用 90°粗、精车外圆刀和切断刀（B＝3）。确定工艺过程为：

车端面→自右向左粗车外表面→自右向左精车外表面→切槽→切断。

② 装夹方案。用三爪自定心卡盘夹紧定位。由于工件较小,为了加工路线清晰,加工起点和换刀点设为同一点,在 Z 向距工件前端面 100 mm,X 向距轴心线 50 mm 处。

（2）参考程序

以工件右端面与轴线的交点为程序原点建立工件坐标系,计算各基点坐标,参考程序见表 1-2-10。

表 1-2-10　锥轴加工参考程序

O1003	程序号
N10　T0101	选用 1 号外圆刀,建立工件坐标系统
N20　G00　X100　Z100	快速移动定位
N30　G98	进给速度为 mm/min
N40　M03　S800	主轴转速 $s=800$ r/min
N50　G00　X48　Z0	快速定位
N60　G01　X0　F60	车削端面
N70　G00　X48　Z2	退出工件,快速定位至切削循环起始点
N80　G71　U2　R1	采用外圆粗切循环粗加工轮廓
N90　G71　P100　Q150　U0.5 W0.2 F150	
N100　G00　X22	定位到起切点
N110　G01　X32　Z-3 F100	倒角加工
N120　　Z-24	加工 $\phi32$ 外圆
N130　　X38　Z-52	加工圆锥
N140　　Z-73	加工 $\phi40$ 外圆
N150　　X46	退出工件
N160　G70　P100　Q150	轮廓精加工
N170　G00　X100　Z100	快速移动到换刀点
N180　T0100	取消 1 号刀偏差补正
N190　T0202	选用 2 号刀具
N200　　X38　Z-24	快速定位
N210　G01　X26　F60	切槽
N220　　X38	退出加工表面
N230　G00　X100　Z100	快速移动到换刀点
N240　T0200	取消 2 号刀偏差补正
N250　M30	主轴停、程序结束并复位

四、车削加工

1. 机床准备

开机,激活机床,回参考点→定义毛坯,放置零件→安装刀具。

2. 数控程序管理

(1) 选择一个数控程序

将"模式选择"旋钮置于"编辑"挡或"自动"挡,在 MDI 键盘上按 **PRGRM** 键,进入编辑页面,输入要搜索的文件名,按 **↓** 开始搜索。找到后,"OXXXX"显示在屏幕右上角程序号位置,NC 程序显示在屏幕上。

(2) 删除一个数控程序

将"模式选择"旋钮置于"编辑"挡,在 MDI 键盘上按"**PRGRM**"键,输入要删除的文件名,按 **DELET** 键,程序即被删除。

(3) 新建一个 NC 程序

将"模式选择"旋钮置于"编辑"挡,在 MDI 键盘上按"**PRGRM**"键,输入文件名,按 **INSRT** 键,新建此程序。若所输入的程序号已存在,将此程序设置为当前程序,否则新建此程序。

注:MDI 键盘上的数字/字母键,第一次按下时输入的是字母,以后再按下时均为数字。若要再次输入字母,需先将输入域中已有的内容显示在 CRT 界面上(按 **INSRT** 键,可将输入域中的内容显示在 CRT 界面上)。

(4) 删除全部数控程序

将"模式选择"旋钮置于"编辑"挡,在 MDI 键盘上按"**PRGRM**"键,按 **7/0** 键入字母"O";按 **M** 键键入"一";按 **9/G** 键键入"9999";按 **DELET** 键。

(5) 导入数控程序

数控程序可以通过记事本或写字板等编辑软件输入并保存为文本格式文件(注意:必须是纯文本文件),也可直接用 FANUC 系统的 MDI 键盘输入。

工作方式旋钮旋到"编辑"挡(EDIT)→程序显示键(PROGAM)→输入程序名 OXXXX,机床准备就绪。

点击工具栏上的按钮"🖥",系统弹出一对话框如图 1-2-18 所示,在文件名列表框中选中所需的文件,按"打开"确认,即可输入预先编辑好的数控程序。

注:程序中调用子程序时,主程序和子程序需分开导入。

(6) 导出数控程序

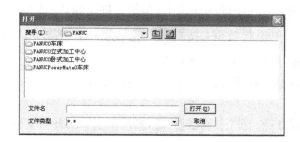

图 1-2-18　程序导入文件选择对话框

在数控仿真系统编辑完毕的程序可以导出为文本文件。

将"模式选择"旋钮置于"编辑"挡,在 MDI 键盘上按 PRGRM 键,进入编辑页面,按 OUTPUT START 键;在弹出的对话框中输入文件名,选择文件类型和保存路径,按"保存"按钮执行或按"取消"按钮取消保存操作。

3. 编辑程序

将"模式选择"旋钮置于"编辑"挡,在 MDI 键盘上按"PROG"键,选定了一个数控程序后,此程序显示在 CRT 界面上,可对数控程序进行编辑操作,具体操作可参考表 1-2-11。

表 1-2-11　编辑程序

序号	编程内容	操作方式
1	移动光标	按 PAGE ↓ 或 ↑ 翻页,按 ↓ 或 ↑ 移动光标。
2	插入字符	先将光标移到所需位置,点击 MDI 键盘上的数字/字母键,将代码输入到输入域中,按 INSRT 键,把输入域的内容插入到光标所在代码后面。
3	删除输入域中的数据	按 CAN 键用于删除输入域中的数据。
4	删除字符	先将光标移到所需删除字符的位置,按 DELET 键,删除光标所在的代码。
5	查找	输入需要搜索的字母或代码;按 ↓ 开始在当前数控程序中光标所在位置后搜索(代码可以是:一个字母或一个完整的代码。例如:"N0010","M"等)。如果此数控程序中有所搜索的代码,则光标停留在找到的代码处;如果此数控程序中光标所在位置后没有所搜索的代码,则光标停留在原处。
6	替换	先将光标移到所需替换字符的位置,将替换成的字符通过 MDI 键盘输入到输入域中,按 ALTER 键,把输入域的内容替代光标所在的代码。

4. 对刀

① 机床回参考点。

② 车削毛坯端面。在手动的状态下,车削零件端面,沿 X 轴正方向退刀。

③ 输入 Z 向几何形状数据:按 OFSET SET → 补正 → 形状 →输入"Z0",按 测量 键,刀具 Z 补偿值即自动输入到几何形状里。

④ 车削毛坯外圆。在手动的状态下,车削约 10 mm 长的零件外圆,沿 Z 轴正方向退刀。

⑤ 测量试切段直径。按"主轴停止"键,测量车削后的外圆直径(假如 $\phi37.6$ mm)。

⑥ 输入 X 向几何形状数据。按 OFSET SET → 补正 → 形状,输入"X37.6(外圆直径值)",按 测量 键,刀具 X 补偿值即自动输入到几何形状里。

5. 程序自动运行

(1) 检查运行轨迹

NC 程序输入后,可检查运行轨迹。

① 点击操作面板上的"自动运行"按钮 ,使其指示灯变亮 ,转入自动加工模式。

② 点击 MDI 键盘上的 PROG 按钮,点击数字/字母键,输入"OX"(X 为所需要检查运行轨迹的数控程序号),按 ↓ 开始搜索,找到后,程序显示在 CRT 界面上。

③ 点击 CUSTOM GRAPH 按钮,进入检查运行轨迹模式,点击操作面板上的"循环启动"按钮 ,即可观察数控程序的运行轨迹,此时也可通过"视图"菜单中的动态旋转、动态放缩、动态平移等方式对三维运行轨迹进行全方位的动态观察。

(2) 单段方式运行

检查机床是否机床回零。若未回零,先将机床回零→输入(导入)数控程序→点击操作面板上的"自动运行"按钮 ,使其指示灯变亮 →点击操作面板上的"单节"按钮 →点击操作面板上的"循环启动"按钮 ,程序开始执行。

说明:

① 自动/单段方式执行每一行程序均需点击一次"循环启动" 按钮。

② 点击"单节跳过"按钮 ,则程序运行时跳过符号"/"有效,该行成为注释行,不执行。

③ 点击"选择性停止"按钮 ,则程序中 M01 有效。

④ 可以通过"主轴倍率"旋钮 和"进给倍率"旋钮 来调节主轴旋转的速度和移动的速度。

⑤ 按 RESET 键可将程序重置。

(3) 连续方式运行

① 自动加工流程

检查机床是否回零,若未回零,先将机床回零→输入(导入)数控程序→点击操作面板上的"自动运行"按钮➡,使其指示灯变亮➡→点击操作面板上的"循环启动"按钮⬜,程序开始执行。

② 中断运行

数控程序在运行过程中可根据需要暂停、急停和重新运行。

数控程序在运行时,按"进给保持"按钮◉,程序停止执行;再点击"循环启动"按钮⬜,程序从暂停位置开始执行。

数控程序在运行时,按下"急停"按钮⟳,数控程序中断运行;继续运行时,先将"急停"按钮松开,再按"循环启动"按钮⬜,余下的数控程序从中断行开始作为一个独立的程序执行。

【巩固提高】

锥轴如图 1-2-19 所示,工件材料为 45 钢,生产规模:单件。要求按给定的坐标系统编写零件数控加工程序,毛坯尺寸 $\phi45$ mm×110 mm。

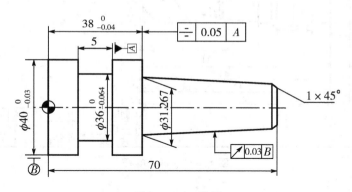

图 1-2-19　锥轴

项目三　数控车削球头螺杆

【工作任务】

球头螺杆零件图如图 1-3-1 所示。毛坯尺寸 φ25 mm×100 mm，材料为 45 钢。要求确定零件加工方案，编写零件的数控加工程序，完成零件的数控车削加工。

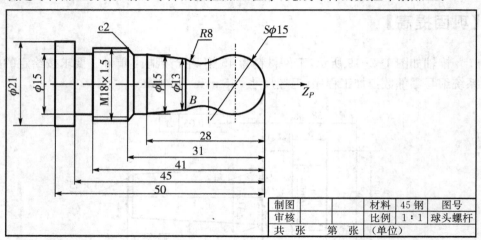

图 1-3-1　球头螺杆

【学习目标】

1. 了解型面、螺纹车削常用的刀具与方法，能选择合适的刀具和加工方法加工型面和螺纹。

2. 能选择合适的切削用量，使用 FANUC 0i 系统常用的车削编程指令编写含有圆弧、螺纹等要素零件的数控加工程序，能熟练运用数控仿真系统调试数控程序。

一、型面车削工艺

1. 型面车削刀具

（1）尖形车刀

以直线形切削刃为特征的车刀称为尖形车刀。这类车刀的刀尖（同时也为其刀位点)由直线形的主、副切削刃构成,如 90°内、外圆车刀,左、右端面车刀,切槽(断)车刀及刀尖倒棱很小的各种外圆和内孔车刀。这类车刀加工零件时,其零件的轮廓形状主要由一个独立的刀尖或一条直线形主切削刃位移后得到。

尖形车刀的几何参数主要指车刀的几何角度。选择方法与使用普通车削时基本相同,但应结合数控加工的特点如走刀路线及加工干涉等进行全面考虑。

加工如图 1-3-2 所示的零件时,若要左右两个 45°锥面由一把车刀加工出来,则车刀的主偏角应取 50°～55°,这样既保证了刀头有足够的强度,又利于主、副切削刃车削圆锥面时不致发生加工干涉。

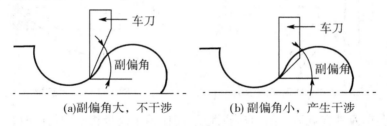

图 1-3-2　锥度轴

加工如图 1-3-3 所示零件时,要选择副偏角大的刀具,以免刀具的后刀面与工件产生干涉。

而车削如图 1-3-4 所示大圆弧内表面零件时,所选择尖形内孔车刀的形状及主要几何角度如图 1-3-5 所示(前角为 0°),这样刀具可将内圆弧面和右端端面一刀车出,而避免了用两把车刀进行加工。

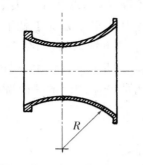

图 1-3-3　加工圆弧时刀具的选择

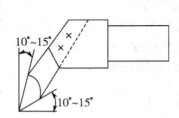

图 1-3-4　大圆弧面零件　　　　　图 1-3-5　尖形车刀示例

选择不发生干涉的尖形车刀的几何角度,可用作图或计算的方法。如副偏角的大小,大于作图或计算所得不发生干涉的极限角度值 6°～8°即可。当确定几何角度有困难或无法确定(如尖形车刀加工接近于半个凹圆弧的轮廓等)时,则应考虑选择其他类型车刀后,再确定其几何角度。

（2）圆弧形车刀

圆弧形车刀（如图 1-3-6 所示）是较为特殊的数控
加工用车刀。其特征是：构成主切削刃的刀刃形状为
一圆度误差或线轮廓度误差很小的圆弧；该圆弧刃每一
点都是圆弧形车刀的刀尖，因此，刀位点不在圆弧上，而
在该圆弧的圆心上；车刀圆弧半径理论上与被加工零件
的形状无关，并可按需要灵活确定或测定后确认。

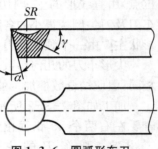

图 1-3-6　圆弧形车刀

当某些尖形车刀或成型车刀（如螺纹车刀）的刀尖
具有一定的圆弧形状时，也可作为这类车刀使用。

圆弧形车刀可以用于车削内、外表面，特别适宜于车削各种光滑连接（凹形）的成
型面。

对于某些精度要求较高的凹曲面车削（见图 1-3-7）或大外圆弧面（见图 1-3-8）
的车削，以及尖形车刀所不能完成的加工，宜选用圆弧形车刀进行。

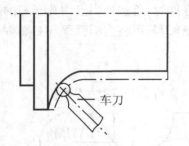

图 1-3-7　曲面车削示例

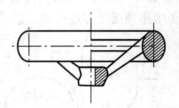

图 1-3-8　大手轮

圆弧形车刀具有宽刃切削（修光）性质；能使精车余量相当均匀而改善切削性能；
还能一刀车出跨多个象限的圆弧面。

例如，当图 1-3-7 所示零件的曲面精度要求不高时，可以选择用尖形车刀进行
加工；当曲面形状精度和表面粗糙度均有要求时，选择尖形车刀加工就不合适了，因
为车刀主切削刃的实际吃力刀深度在圆弧轮廓段总是不均匀的，如图 1-3-9 所示。
当车刀主切削刃靠近其圆弧终点时，该位置上的背吃刀量（a_{p1}）将大大超过其圆弧起
点位置上的背吃刀量（a_p），致使切削阻力增大，则可能产生较大的线轮廓度误差，并
增大其表面粗糙度数值。

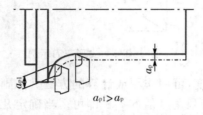

图 1-3-9　切削不均匀性示例

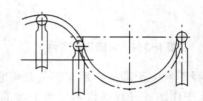

图 1-3-10　跨四象限圆弧

对于加工图 1-3-10 所示同时跨四个象限的外圆弧轮廓，无论采用何种形状及

角度的尖形车刀,也不可能由一条圆弧加工程序一刀车出,而采用圆弧形车刀就能十分简便地完成。

圆弧形车刀的几何参数除了前角及后角外,主要几何参数为车刀圆弧切削刃的形状及半径。选择车刀圆弧半径的大小时,应考虑两点:第一,车刀切削刃的圆弧半径应当小于或等于零件凹形轮廓上的最小曲率半径,以免发生加工干涉;第二,该半径不宜选择太小,否则既难于制造,还会因其刀头强度太弱或刀体散热能力差,使车刀容易受到损坏。

当车刀圆弧半径已经选定或通过测量并给予确认后,应特别注意圆弧切削刃的形状误差对加工精度的影响。

圆弧形车刀前、后角的选择,原则上与普通车刀相同,只不过形成其前角(大于0°时)前刀面一般都为凹球面,形成其后角的后刀面一般为圆锥面。圆弧形车刀前、后刀面的特殊形状,是为满足在刀刃的每一个切削点上都具有恒定的前角和后角,以保证切削过程的稳定性及加工精度。为了制造车刀的方便,在精车时,其前角多选择为 0°(无凹球面)。

2. 型面车削方法

(1) 进给路线的确定

在数控车削加工中,一般情况下,Z 坐标方向的进给运动都是沿着负方向进给的,但有时按这种方式车削型面并不合理,甚至可能车坏工件。

如图 1-3-11 所示零件加工,当采用尖形车刀加工大圆弧内表面时,若采用图 1-3-11 所示的进给路线,因切削时尖形车刀主偏角为 $100° \sim 105°$,这时切削力在 X 向的分力 F_p 将沿着 $+X$ 方向作用。当刀尖运动到圆弧的换象限处,即由 $-Z$、$-X$ 向 $-Z$、$+X$ 变换时,吃刀抗力 F_p 马上与传动横拖板的传动力方向相同,若螺旋副间有机械传动间隙,就可能使刀尖嵌入零件表面(即"扎刀"),其嵌入量在理论上等于机械传动间隙量 e。即使该间隙量很小,由于刀尖在 X 方向换向时,横向拖板进给过程的位移量变化也很小,加工处于动摩擦与静摩擦之间呈过渡状态的拖板惯性的影响,仍会导致横向拖板产生严重的爬行现象,从而大大降低零件的表面质量。

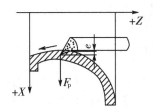

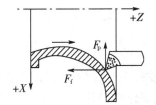

图 1-3-11　切削圆弧时的嵌刀现象　　　　图 1-3-12　切削圆弧时的合理的进给方案

图 1-3-12 所示的进给方法,因刀尖运动到圆弧的换象限处,吃刀抗力与丝杠传动横向拖板的传动力方向相反,不会受螺旋副机械传动间隙的影响而产生嵌刀现象,因此图 1-3-12 所示进给路线是较合理的。

（2）车削圆弧时易产生的误差

数控车编程时，通常都将车刀刀尖作为一点来考虑，但实际上刀尖处存在圆角，如图 1-3-13 所示。当用按理论刀尖点编出的程序进行端面、外径、内径等与轴线平行或垂直的表面加工时，是不会产生误差的。但在进行倒角、锥面及圆弧切削时，则会产生少切或过切现象，如图 1-3-14 所示。

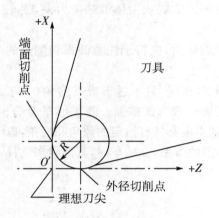

图 1-3-13　刀尖圆角 R

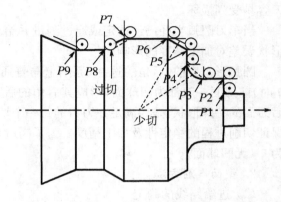

图 1-3-14　刀尖圆角 R 造成的少切与过切

二、螺纹车削工艺

1. 机夹可转位式螺纹车刀

图 1-3-15 为机夹可转位式螺纹车刀加工右旋螺纹。

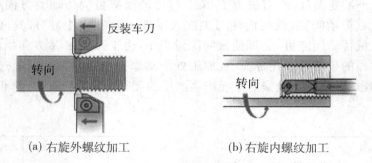

(a) 右旋外螺纹加工　　　　　　(b) 右旋内螺纹加工

图 1-3-15　机夹可转位螺纹车刀

目前机夹可转位螺纹车刀还没有统一的代码，但不同的制造商采用的代码大同小异，主要包括刀片夹紧方式、螺纹形式、切削方向和刀具长度等。

2. 螺纹车削方法

（1）螺纹车削的进刀方式

螺纹车削进刀方式对切屑类型、刀具寿命等有较大的影响，进刀方式的选择首先要考虑切削条件和工件材料的切削性能，其次考虑工艺系统的刚度和切削刃外形等因素。通常有 4 种进刀方式，如图 1-3-16 所示。各种进刀方式的特点见

表1-3-1。

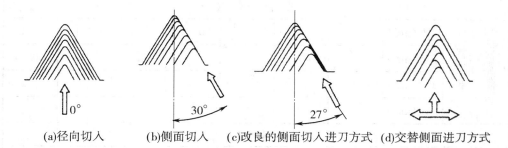

图 1-3-16　螺纹车削进刀方式

表 1-3-1　螺纹车削进刀方式比较

进刀方式	说　　明
径向切入	刀具两侧面均匀磨损。但有散热不好的问题,这可能导致切削刃变形,而且某些材料的切屑也不易控制。若切屑流动没有问题,就是一种可接受的方法。
侧面切入	切屑可从刀片上卷开,散热较好。刀具的后缘不切削而且与工件发生摩擦,这会导致积屑瘤,使表面质量不佳和加工硬化。
改良的侧面切入	散热较好,而且仍能保持切屑控制是不锈钢、合金钢和碳钢车螺纹的最好方法。
交替侧面切入	可提高刀具寿命并有效地使用两个切削刃。适合车削大螺距螺纹。

（2）螺纹的切削的进给次数与吃刀量

由于螺纹加工属于成型加工,为了保证螺纹的导程,加工时主轴旋转一周,车刀的进给量必须等于螺纹的导程,进给量较大;另外,螺纹车刀的强度一般较差,故螺纹牙型往往不是一次加工而成的,需要多次进行切削,如欲提高螺纹的表面质量,可增加几次光整加工。常用螺纹切削的进给次数与吃刀量如表 1-3-2 所示。

表 1-3-2　常用螺纹切削的进给次数与吃刀量

米　　制　　螺　　纹							
螺距(mm)	1.0	1.5	2	2.5	3	3.5	4
牙深(半径量)(mm)	0.649	0.974	1.299	1.624	1.949	2.273	2.598
切削次数及吃刀量（直径量） 1 次(mm)	0.7	0.8	0.9	1.0	1.2	1.5	1.5
2 次(mm)	0.4	0.6	0.6	0.7	0.7	0.7	0.8
3 次(mm)	0.2	0.4	0.6	0.6	0.6	0.6	0.6
4 次(mm)		0.16	0.4	0.4	0.4	0.6	0.6
5 次(mm)			0.1	0.4	0.4	0.4	0.4

（续表）

米　制　螺　纹							
切削次数及吃刀量	（直径量）	6次(mm)			0.15	0.4	0.4	0.4
		7次(mm)				0.2	0.2	0.4
		8次(mm)					0.15	0.3
		9次(mm)						0.2

英　制　螺　纹								
牙(in)		24	18	16	14	12	10	8
牙深(半径量)(in)		0.678	0.904	1.016	1.162	1.355	1.626	2.033
切削次数及吃刀量	（直径量）	1次(in)	0.8	0.8	0.8	0.8	0.9	1.0	1.2
		2次(in)	0.4	0.6	0.6	0.6	0.6	0.7	0.7
		3次(in)	0.16	0.3	0.5	0.5	0.6	0.6	0.6
		4次(in)		0.11	0.14	0.3	0.4	0.4	0.5
		5次(in)				0.13	0.21	0.4	0.5
		6次(in)						0.16	0.4
		7次(in)							0.17

（3）螺纹加工尺寸的确定

① 普通螺纹各基本尺寸计算为：

螺纹大径 $d=D$（螺纹大径的基本尺寸与公称直径相同）

牙型高度 $h_1=0.6495P$

螺纹小径 $d_1=D_1=d-1.3P$

式中：P——螺纹的螺距。

② 高速车削三角螺纹时，受车刀挤压后会使螺纹大径尺寸增大，因此车螺纹前的外圆直径应比螺纹大径小。当螺距为 1.5～3.5 mm 时，外径一般可以小 0.2～0.4 mm。

③ 车削三角形内螺纹时，因为车刀切削时的挤压作用，内孔直径会缩小（车削塑性材料较明显），所以车削内螺纹前的孔径（$D_孔$）应比内螺纹小径（D_1）略大些；又由于内螺纹加工后的实际孔径允许大于 D_1 的基本尺寸，所以在实际生产中，普通螺纹在车内螺纹前的孔径尺寸，可以用下列近似公式计算：

车削塑性金属的内螺纹时：　　$D_孔 \approx d-P$

车削脆性金属的内螺纹时：$D_孔 \approx d-1.05P$

（4）车削螺纹时行程的确定

在数控车床上加工螺纹时，由于机床伺服系统本身具有滞后特性，会在螺纹起始段和停止段发生螺距不规则现象，所以实际加工螺纹的长度 W 应包括切入和切出的刀具空行程,如图 1-3-17 所示。

$$W = L + \delta_1 + \delta_2$$

式中：δ_1——切入空行程量,一般取 2~5 mm;

δ_2——切出空行程量,一般取 $0.5\delta_1$。

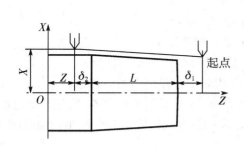

图 1-3-17　螺纹加工时行程的确定

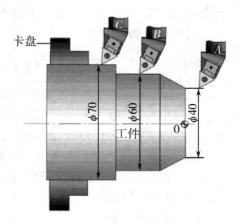

图 1-3-18　恒线速切削方式

三、车削编程

1. 速度控制指令

（1）恒线速控制

编程格式 G96 S ＿

S 后面的数字表示的是恒定的线速度,单位 m/min。

【例 1-3-1】　G96 S150 表示切削点线速度控制在 150 m/min。

对图 1-3-18 中所示的零件,为保持 A、B、C 各点的线速度在 150 m/min,则各点在加工时的主轴转速分别为：

$$A：n = 1\,000 \times 150 \div (\pi \times 40) = 1\,193\ \text{r/min}$$

$$B：n = 1\,000 \times 150 \div (\pi \times 60) = 795\ \text{r/min}$$

$$C：n = 1\,000 \times 150 \div (\pi \times 70) = 682\ \text{r/min}$$

在车削端面或工件直径变化较大时,为了保证车削表面质量一致性,常使用恒线速度控制。用恒线速度控制加工端面、锥面和圆弧面时,由于 X 轴的值不断变化,当刀具接近工件的旋转中心时,主轴的转速会越来越高。采用主轴最高转速限定指令,可防止因主轴转速过高、离心力太大而产生危险及影响机床寿命。

（2）最高转速限制

编程格式 G50 S ＿

S 后面的数字表示的是最高转速,单位为 r/min。

【**例 1-3-2**】 G50 S3000 表示最高转速限制为 3 000 r/min。

（3）恒线速取消

编程格式 G97 S ____

S 后面的数字表示恒线速度控制取消后的主轴转速，如 S 未指定，将保留 G96 的最终值。

【**例 1-3-3**】 G97 S3000 表示恒线速控制取消后主轴转速 3 000 r/min。

2. 圆弧进给插补指令

指令格式：$\begin{Bmatrix} G02 \\ G03 \end{Bmatrix}$ X(U)__ Z(W)__ $\begin{Bmatrix} \dfrac{I\_\_\ K\_\_}{R\_\_} \end{Bmatrix}$ F__

式中：G02——顺时针圆弧插补（如图 1-3-22 所示）；

　　　G03——逆时针圆弧插补（如图 1-3-22 所示）；

　　　X、Z——为绝对编程时，圆弧终点在工件坐标系中的坐标；

　　　U、W——为增量编程时，圆弧终点相对于圆弧起点的位移量；

　　　I、K——圆心相对于圆弧起点的增加量（等于圆心的坐标减去圆弧起点的坐标），在绝对、增量编程时都是以增量方式指定，在直径、半径编程时 I 都是半径值；

　　　R——圆弧半径；

　　　F——编程的两个轴的合成进给速度。

指令说明：

① 圆弧插补 G02/G03 的判断，是在加工平面内，根据其插补时的旋转方向为顺时针/逆时针来区分的。加工平面为观察者迎着 Y 轴的指向所面对的平面，见图 1-3-19。

② 同时编入 R 与 I、K 时，R 有效。

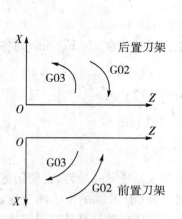

图 1-3-19　G02/G03 插补方向

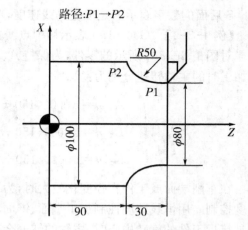

路径:P1→P2

图 1-3-20　圆弧插补编程

【**例 1-3-4**】 如图 1-3-20 所示工件，分别用 4 种方式编出圆弧插补程序。

绝对值方式，IK 编程：G99　G02 X100. Z90. I50. K0. F0.2

绝对值方式，R 编程：G99　G02 X100. Z90. R50. F0.2

增量值方式，IK 编程：G99　G02 U40. W-30. I50. K0. F0. 2

增量值方式，R 编程：G99　G02 U40. W-30. R50. F0. 2

3. 封闭切削循环指令（G73）

封闭切削循环是一种复合固定循环，其刀具轨迹如图 1-3-21 所示。封闭切削循环适于对铸、锻毛坯切削，对零件轮廓的单调性则没有要求。

指令格式：G73 U(i)　W(k)　R(d)

G73 P(ns)　Q(nf)　U(Δu)　W(Δw)　F(f)　S(s)　T(t)

式中：i——X 轴向总退刀量（半径值）；

k——Z 轴向总退刀量；

d——重复加工次数；

ns——精加工轮廓程序段中开始程序段的段号；

nf——精加工轮廓程序段中结束程序段的段号；

Δu——X 轴向精加工余量；

Δw——Z 轴向精加工余量；

f、s、t——F、S、T 代码。

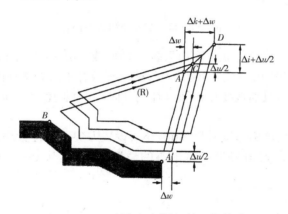

图 1-3-21　封闭切削循环的刀具轨迹

4. 刀尖圆弧半径补偿指令

有刀具半径补偿功能的数控系统编制零件加工程序时，不需要计算刀具中心运动轨迹，只需使用刀具半径补偿指令按零件轮廓编程，并在控制面板上手工输入刀尖圆弧半径，数控装置便能自动计算出刀具中心轨迹，并按刀具中心轨迹运动。

当刀具磨损或刀具重磨后，刀具半径变小，只需手工输入改变后的刀尖圆弧半径值，加入或取消半径补偿，便可进行加工，而不必修改加工程序。

指令格式：$\left.\begin{matrix} G41 \\ G42 \\ G40 \end{matrix}\right\} \left.\begin{matrix} G01 \\ G00 \end{matrix}\right\}$　X(U)__　Z(W)__

指令说明：

（1）刀补的判别

G41——左偏刀具半径补偿，即站在第三轴指向上，沿刀具运动方向看，刀具位于工件左侧时的刀具半径补偿。如图 1-3-22(a)所示；

G42——右偏刀具半径补偿，即站在第三轴指向上，沿刀具运动方向看，刀具位于工件右侧时的刀具半径补偿。如图 1-3-22(b)所示；

G40——取消刀具半径补偿，按程序路径进给。

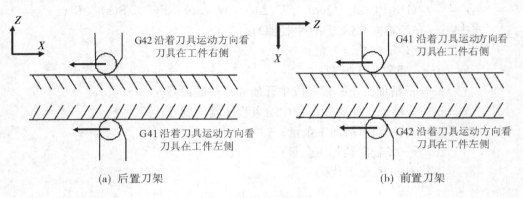

(a)　后置刀架　　　　　　　　　　　　　　(b)　前置刀架

图 1-3-22　左刀补和右刀补

（2）刀尖半径补偿的建立与取消只能用 G00 或 G01 指令，不得是 G02 或 G03。X，Z __ G00/G01 的参数，即建立刀补或取消刀补中刀具移动的终点。

（3）在调用新刀具前或要更改刀具补偿方向时，为避免产生加工误差，中间必须取消刀具补偿。

（4）在设置刀尖圆弧自动补偿值时，还要设置刀尖圆弧位置编码，刀尖圆弧位置编码定义了刀具刀位点与刀尖圆弧中心的位置关系，其从 0～9 有十个方向，如图 1-3-23所示。

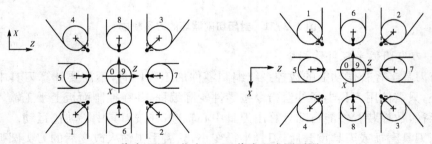

•代表刀具刀位点A，+代表刀尖圆弧圆心O

图 1-3-23　车刀刀尖位置编码

【例 1-3-5】　如图 1-3-24 所示工件，为保证圆锥面的加工精度，试编写采用刀尖半径补偿指令编定程序。

按图示要求建立工件坐标系，计算各基点坐标，参考程序如表 1-3-3 所示。

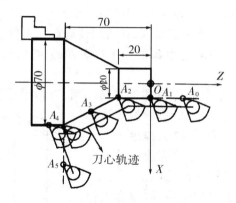

图 1-3-24　刀尖半径补偿指令的应用

表 1-3-3　刀具半径补偿指令的应用

O1301	程序号
N10 T0101	选用 1 号刀具(外圆车刀),并调用 1 号刀具补偿值
N20 G98 G00 X100 Z100	快速定位
N30 M03 S800	启动主轴
N40 G00 X70 Z2	粗加工定位
N50 G71 U1.5 R2	采用粗加工循环指令
N60 G71 P70 Q100 U0.3 W0.1F130	
N70 G42 G00 X20	循环内容,使用刀具半径补偿
N80 G01 Z-20 F60	
N90 X70 Z-70	
N100 X75	
N110 G40 G00 Z50	取消刀具半径补偿
N120 M00	暂停,测量尺寸
N130 M03S1200	启动主轴
N140 T0101	调用 1 号刀具补偿值
N150 G00 X70 Z2	快速定位
N160 G70 P70 Q90	调用精车程序
N170 G00 X100 Z100	返回换刀点
N180 M30	程序结束

5. 螺纹加工指令

(1) 螺纹切削指令 G32

G32 指令可以切削相等导程的圆柱螺纹、圆锥螺纹和端面螺纹。

指令格式：G32 X(U)__ Z(W)__ F__；

指令说明：X、Z——绝对值编程，有效螺纹终点在工件坐标系中的坐标；

　　　　　　U、W——增量值编程，有效螺纹终点相对于螺纹切削起点的位移量；

　　　　　　F——螺纹导程，即主轴每转一圈，刀具相对于工件的进给值。

【例 1-3-6】 如图 1-3-25 所示的圆柱螺纹,试用 G32 指令编写螺纹加工程序。$\delta_1 = 2$ mm, $\delta_2 = 1$ mm。（前工序已完成圆柱表面及槽的加工,本工序只考虑螺纹加工）

按图示要求建立工件坐标系,取编程大径为 $\phi19.8$ mm。据计算螺纹小径为 $\phi18.7$ mm,取编程小径为 $\phi18.6$ mm。参考程序如表 1-3-4所示。

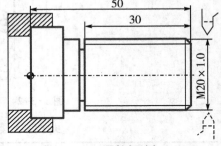

图 1-3-25　圆柱螺纹加工

表 1-3-4　圆柱螺纹加工（G32）参考程序

O1302	程序号
N10 T0303	选用 3 号刀具（螺纹车刀）,并调用 3 号刀具补偿值
N20 G00 X100 Z100	快速定位
N30 M03 S300	启动主轴
N40 G00 X19.2　Z52	螺纹加工定位
N50 G32 Z19 F1	车削螺纹（第 1 次进给）
N60 G00 X30	X 向退出
N70 Z52	Z 向返回
N80 X18.8	螺纹加工定位
N90 G32 Z19 F1.5	车削螺纹（第 2 次进给）
N100 G00 X30	X 向退出
N110 Z52	Z 向返回
N120 X18.6	螺纹加工定位
N130 G32 Z19 F1	车削螺纹（第 3 次进给）
N140 G00 X30	X 向退出
N150 X100 Z120	返回换刀点
N160 M30	程序结束

（2）螺纹车削简单循环指令 G92

指令格式：G92　X(U)__ Z(W)__ R__ F__

式中：X、Z——取值为螺纹终点坐标值；

U、W——取值为螺纹终点相对循环起点的坐标分量；

R——为圆锥螺纹切削起点和切削终点的半径差，当 R＝0 时，加工直螺纹。

圆锥螺纹循环如图 1-3-26 所示，圆柱螺纹循环如图 1-3-27 所示。图中刀具从循环起点 A 开始，按 $A \rightarrow B \rightarrow C \rightarrow D$ 进行自动循环，最后又回到循环起点 A，虚线表示快速移动，实线表示按 F 指令指定的进给速度移动。

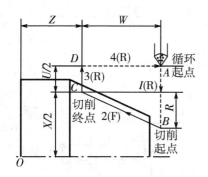

图 1-3-26　圆锥螺纹加工循环　　　图 1-3-27　圆柱螺纹加工循环

（3）螺纹切削复合循环指令 G76

G76 螺纹切削复合循环指令较 G92 指令简捷，可节省程序设计与计算时间，只需一次指定有关参数，就可自动进行螺纹加工。如图 1-3-28 所示为复合螺纹切削循环的刀具加工路线。G76 螺纹切削指令的格式需要同时用两条指令来定义。

编程格式：G76 P$(m)(r)(\alpha)$Q$(\Delta d_{\min})$ R(d)；

　　　　　G76　X(U)＿ Z(W)＿ R(i) P(k) Q(Δd) F(L)

式中：m——精车重复次数，从 01～99，用两位数表示，该参数为模态量；

　　　r——螺纹尾端倒角值，该值的大小可设置在 0.0～9.9L 之间，系数应为 0.1 的整倍数，用 00～99 之间的两位整数来表示，其中 L 为导程，该参数为模态量；

　　　α——刀尖角度，可从 80°、60°、55°、30°、29°、0° 六个角度中选择，用两位整数来表示，该参数为模态量；

　　　m、r、α 用地址 P 同时指定，例如，$m=2$，$r=1.2L$，$\alpha=60°$，表示为 P021260；

　　　$\Delta d_{\min}$——最小车削深度，用半径编程指定，单位：μm。车削过程中每次的车削深度为（$\Delta d \sqrt{n} - \Delta d \sqrt{n-1}$），当计算深度小于此极限值时，车削深度锁定在这个值，该参数为模态量；

　　　d——精车余量，用半径编程指定，单位：mm，该参数为模态量；

　　　X(U)、Z(W)——螺纹终点绝对坐标或增量坐标；

　　　i——螺纹锥度值，用半径编程指定，如果 $i=0$ 则为直螺纹，可省略；

　　　k——螺纹高度，用半径编程指定，单位：μm；

　　　Δd——第一次车削深度，用半径编程指定，单位：μm；

L——螺纹的导程。

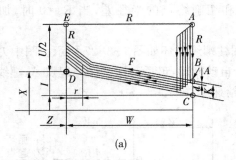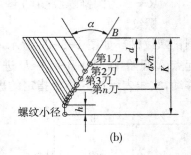

(a)　　　　　　　　　　　　　(b)

图 1-3-28　螺纹切削多次循环刀具路径

【例 1-3-7】　如图 1-3-29 所示的 M30×2-6 g 普通圆柱螺纹,试分别用 G92 和 G76 指令编制圆柱螺纹加工程序。(前工序已完成圆柱表面及槽的加工,本工序只考虑螺纹加工)

解：由 GB197-81 中查出 M30×2-6 g 的螺纹外径为 ϕ30 mm,取编程大径为 ϕ29.8 mm。据计算螺纹底径为 ϕ27.4 mm,取编程小径为 ϕ27.3 mm。

按图示要求建立工件坐标系,参考程序如表 1-3-5 所示。

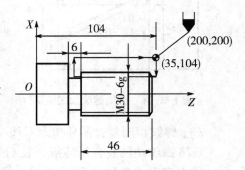

图 1-3-29　圆柱螺纹编程

表 1-3-5　圆柱螺纹加工(G92、G76)参考程序

G92 指令编程	简要说明	G76 指令编程
O1303	程序号	O1304
N10 T0303	选用刀具,建立工作坐标系	N10 T0303
N20 G00 X200 Z200	快速定位	N20 G00 X200 Z200
N30 M03 S300	启动主轴	N30 M03 S300
N40 G00 X35 Z104	螺纹加工定位	N40 G00 X35 Z104
N50 G92 X29.8 Z53 F2	螺纹车削	N50 G76 P010660 Q50 R0.1
N60 X28.2		N60　G76　X27.3　Z53　P975 Q400 F2
N70 X27.7		
N80 X27.3		
N90 X27.3		
N100 G00 X200 Z200	返回换刀点	N70 G00 X100 Z200
N110 T0300	取消刀补	N80 T0300
N120 M30	程序结束	N90 M30

【例 1-3-8】 如图 1-3-30 所示的锥螺纹,导程为 2 mm 圆锥螺纹大端的底径为 $\phi47$ mm,用 G92 和 G76 指令编制锥螺纹加工程序。(前工序已完成圆柱表面及槽的加工,本工序只考虑螺纹加工)

按图示要求建立工件坐标系,计算各基点坐标,参考程序如表 1-3-6 所示。

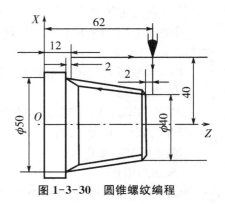

图 1-3-30 圆锥螺纹编程

表 1-3-6 圆锥螺纹加工参考程序

G92 指令编程	简 要 说 明	G76 指令编程
O1305	程序号	O1305
N10 T0303	选用刀具,建立工作坐标系	N10 T0303
N20 G00 X100 Z200	快速定位	N20 G00 X200 Z200
N30 M03 S300	启动主轴	N30 M03 S300
N40 G00 X80 Z64	螺纹加工定位	N40 G00 X80 Z64
N50 G92 X49.6 Z12 R-5 F2	车削锥螺纹	N50 G76 P010660 Q50 R0.1
N60 X48.7		N60 G76 X47 Z12 R-5 P975 Q400 F2
N70 X48.1		G76 P011060 Q100 R200
N80 X47.5		G76 X Z P1299 R900 F2
N90 X47		
N100 G00 X200 Z200	返回换刀点	N70 G00 X200 Z200
N110 T0300	取消刀补	N80 T0300
N120 M30	程序结束	N90 M30

6. 球形螺杆车削编程

(1)工艺分析

该零件包括圆柱、圆锥、凸圆弧、凹圆弧及螺纹等表面。该零件材料为 45 钢,毛坯尺寸为 $\phi25$ mm×95 mm,无热处理和硬度要求。

(2)选择设备

根据被加工零件的外形和材料等条件,选定 CKAD6150Z 型数控车床。

(3)确定零件的定位基准和装夹方式

采用三爪自动心卡盘自定心夹紧,以毛坯轴线和左端面为定位基准。

（4）制定加工方案

车端面（手动）→从右至左粗加工各面→从右至左精加工各面→切槽→车螺纹→切断。

（5）确定刀具及切削用量

① 确定刀具

90°外圆车刀 T1：粗、精车外圆。

切槽刀（4 mm 宽）T2：切槽、切断。

螺纹刀 T3：车螺纹。

② 切削用量

背吃刀量：粗车时，确定其背吃刀量 2 mm 左右；精车时为 0.5 mm。

主轴转速：车直线和圆弧轮廓为 800 r/min；切槽、切断为 400 r/min；车螺纹为 700 r/min。

进给速度：粗、精车直线和圆弧轮廓为 30～60 mm/min；切槽、切断为 30 m/min。

（6）参考程序

以工件右端面与轴线的交点为程序原点建立工件坐标系（如图 1-3-31 所示），基点坐标计算如下。参考程序如表 1-3-7 所示。

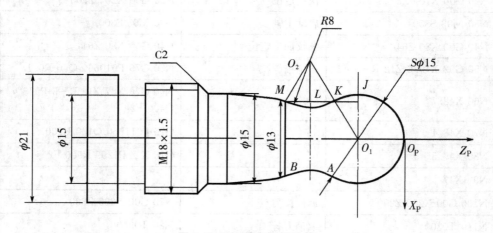

图 1-3-31　基点坐标计算

$\triangle O_1 JK$ 和 $\triangle O_2 LK$ 中，$\dfrac{\overline{O_1 K}}{\overline{O_2 K}} = \dfrac{\overline{O_1 J}}{\overline{O_2 L}}$，即 $\overline{O_2 L} = \dfrac{6.5 \times 8}{7.5}$ mm $= 6.93$ mm

$\overline{LK} = \sqrt{\overline{O_2 K^2} - \overline{O_2 L^2}} = \sqrt{8^2 - 6.93^2}$ mm $= 3.99$ mm

$\overline{JK} = \sqrt{\overline{O_1 K^2} - \overline{O_1 J^2}} = \sqrt{7.5^2 - 6.5^2}$ mm $= 3.74$ mm

A 点：$X = 13$，$Z = -(7.5 + 3.74)$ mm $= -11.24$ mm

B 点：$X = 13$，$Z = -(11.24 + 2 \times 3.99)$ mm $= -19.22$ mm

AB 圆心：$X = (13 + 2 \times 6.93)$ mm $= 26.86$ mm

$$Z = -(11.24 + 3.99)\text{mm} = -15.23 \text{ mm}$$

表 1-3-7   球形螺杆加工参考程序

O1300	程序号
N10 T0101	选用 1 号外圆刀,建立工件坐标系统
N20 G00 X50 Z100	快速移动定位
N30 G98 M03 S800 N35 M08	进给速度为 mm/min,主轴转速 s＝800 r/min,开冷却液
N40 G00 X25 Z2	快速定位至切削循环始点
N50 G73 U12 W2 R6	采用封闭切削循环粗加工轮廓
N60 G73 P70 Q160 U0.5 W0.1 F140	
N70 G00 X0	精加工程序开始
N80 G01 Z0 F100	
N90 G03 X13 Z-11.24 R7.5	精车球头
N100 G02 X13 Z-19.22 R8	车 R8 凹圆弧
N110 G01 X15 Z-28	车锥面
N120 Z-29	车 φ15 mm 外圆
N130 X17.85 Z-31	倒角
N140 Z-45	车螺纹顶径 φ17.85 mm 外圆
N150 X21	车平面
N160 Z-51	车 φ21 mm 外圆
N170 G00 X50 Z100	返回换刀点
N180 M05	主轴停
N190 M00 M09	程序暂停,冷却液停
N200 T0101 M03 S900	启动主轴,高速调用刀补值
N210 G00 G42 X25 Z2	定位至精加工循环起点
N220 G70 P60 Q160	轮廓精加工
N230 G00 G40 X50 Z100	取消刀具补偿,返回换刀点
N240 T0202 M03 S400	换切槽刀,启动主轴
N250 X25 Z-45	快速定位至切槽起点
N260 G01 X15 F60	切槽
N270 G00 X25	X 向快速定位

（续表）

O1300	程序号
N280 X50 Z100	Z 向快速定位
N290 T0303 M03 S700	换螺纹车刀,启动主轴
N300 G00 X22 Z−28	定位至螺纹切削循环起点
N310 G92 X17.2 Z−43 F1.5	G92 加工螺纹
N320 X16.6	
N330 X16.2	
N340 X16.04	
N350 G00 X50 Z100	返回换刀点
N360 M05	主轴停
N370 M30	程序停止

四、车削加工

开机,激活机床,回参考点→定义毛坯,放置零件→安装刀具→输入程序,数控编程模拟软件对加工刀具轨迹仿真,或数控系统图形仿真加工,进行程序校验及修整→自动加工→停车后,按图纸要求检测工件,对工件进行误差与质量分析。

【巩固提高】

螺纹轴如图 1-3-32 所示,工件材料为 45 钢,毛坯尺寸 ϕ30 mm×100 mm,生产规模为单件。要求给定坐标系统,编写零件数控加工程序。

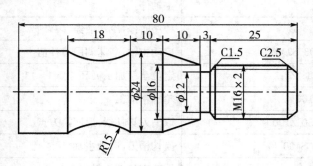

图 1-3-32 螺纹轴

项目四 数控车削轴套

【工作任务】

轴套零件图如图 1-4-1 所示。毛坯尺寸 $\phi55\ mm \times 65\ mm$，材料为 45 钢。要求确定零件加工方案，编写零件的数控加工程序，完成零件的数控车削加工。

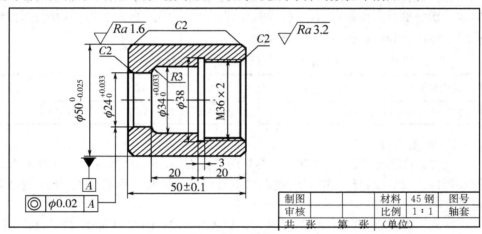

图 1-4-1 轴套

【学习目标】

1. 了解孔加工常用的刀具与方法，能选择合适的刀具和加工方法加工内孔。

2. 能选择合适的切削用量，使用 FANUC 0i 系统常用的车削编程指令编写内轮廓零件数控加工程序。

3. 能熟练运用数控仿真系统调试数控程序。

一、车削内孔

1. 孔加工刀具

（1）麻花钻

在车床上钻孔大都用麻花钻头装在尾座套筒锥孔中进行。钻削时，工件旋转为主运动，钻头只作纵向进给运动。钻孔精度可达 IT11～IT10，表面粗糙度 R_a 为

12.5μm。

麻花钻由柄部、颈部和工作部分组成,如图 1-4-2 所示。麻花钻的柄部在钻削时起夹持定心和传递转矩的作用。麻花钻有直柄和莫氏锥柄两种。直柄麻花钻的直径一般为 0.3~16 mm,莫氏锥柄麻花钻的直径见表 1-4-1。

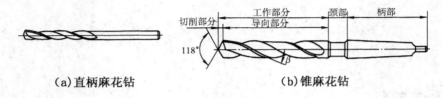

（a）直柄麻花钻　　　　　　　　　　　（b）锥麻花钻

图 1-4-2　麻花钻的组成部分

颈部直径较大的麻花钻在颈部标有麻花钻直径、材料牌号和商标。直径小的直柄麻花钻没有明显的颈部。工作部分是麻花钻的主要部分,由切削部分和导向部分组成。切削部分主要起切削作用;导向部分在钻削过程中能起到保持钻削方向、修光孔壁的作用,同时也是切削的后备部分。

表 1-4-1　莫氏锥柄麻花钻的直径

莫氏锥柄号	No. 1	No. 2	No. 3	No. 4	No. 5	No. 6
钻头直径 d(mm)	3~14	14~23.02	23.02~31.75	31.75~50.8	50.8~75	75~80

② 麻花钻的特点

优点:钻削时双刃同时切削,并有导向部分支持,不易产生振动。钻身上有两条螺旋形棱边,钻孔时导向作用好,轴心线不易歪斜。钻头工作部分长,所以使用寿命也长。

缺点:棱边上没有后角,钻削时与孔壁发生摩擦,因此热量高,棱边容易磨损。横刃长,轴向钻削阻力大,定心差。主切削刃上前角变化大,接近钻心处已变成负前角,产生挤压和刮削,因此切削条件变差。

③ 麻花钻的选用

精度要求不高的内孔可用麻花钻钻出;精度要求较高的内孔,还需要通过车削等加工工序才能完成。在选用麻花钻直径时,应根据下道工序的要求,留出加工余量。钻头直径应小于工件孔径,钻头的螺旋槽部分应略长于孔深。钻头过长,刚度差;钻头过短,排屑困难。

在实体材料上钻孔时,孔径较小的孔可一次钻出。如果孔径较大($D>30$ mm),则可分两次钻削:第一次钻出直径为$(0.5~0.7)D$的孔,第二次扩削所需的孔径 D。

④ 钻孔时切削用量选用

高速钢钻头加工钢件时的切削用量见表 1-4-2。

表 1-4-2 高速钢钻头加工钢件的切削用用量

钻头直径 (mm)	$\sigma_b = 520 \sim 700$ MPa (35、45 钢)		$\sigma_b = 700 \sim 900$ MPa (15Cr、20Cr 钢)		$\sigma_b = 1\,000 \sim 1\,100$ MPa (合金钢)	
	v_c(m/min)	f(mm/r)	v_c(m/min)	f(mm/r)	v_c(m/min)	f(mm/r)
≤6	8~25	0.05~0.1	12~30	0.05~0.1	8~15	0.03~0.08
>6~12	8~25	0.1~0.2	12~30	0.1~0.2	8~15	0.08~0.15
>12~22	8~25	0.2~0.3	12~30	0.2~0.3	8~15	0.15~0.25
>22~30	8~25	0.3~0.45	12~30	0.3~0.4	8~15	0.25~0.35

（2）内孔车刀

内孔刀可以作为粗加工刀具，也可以作为精加工刀具，精度一般可达 IT7~IT8，$R_a = 1.6 \sim 3.2\,\mu\text{m}$，精车 R_a 可达 0.8 或更小。内孔车刀可分为通孔刀和不通孔刀两种，如图 1-4-3（a）和（b）所示。

通孔刀的几何形状基本上与外圆车刀相似，但为了防止后刀面与孔壁摩擦又不使后角磨得太大，一般磨成两个后角。不通孔刀是用来车不通孔或台阶孔的，刀尖在刀杆的最前端并要求后角与通孔刀磨的一样。

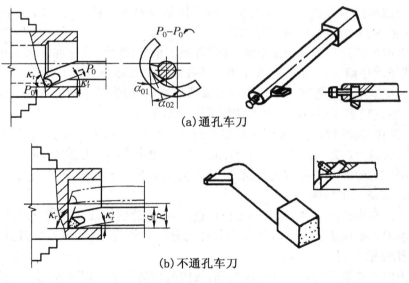

（a）通孔车刀

（b）不通孔车刀

图 1-4-3 内孔车刀

内孔车刀的刀柄细长，刚度低，车孔时排屑较困难，故车孔时的切削用量应选得比车外圆时要小。车孔时的背吃刀量 a_p 是车孔余量的一半；进给量 f 比车外圆时小 20%~40%；切削速度 v_c 比车外圆时低 10%~20%。

2. 孔加工方法

（1）孔加工方法选择

孔加工在金属切削中占有很大的比重，应用广泛。常用的孔的加工方案及所能达到的经济精度与表面粗糙度见表 1-4-3。

表 1-4-3　孔加工方案

序　号	加工方案	精度等级	表面粗糙度 R_a	适用范围
1	钻	11~13	50~12.5	加工未淬火钢及铸铁的实心毛坯,也可用于加工有色金属(但粗糙度较差),孔径<15~20mm
2	钻—铰	8~9	3.2~1.6	
3	钻—粗铰(扩)—精铰	7~8	1.6~0.8	
4	钻—扩	10~11	12.5~6.3	同上,但孔径>15~20 mm
5	钻—扩—铰	8~9	3.2~1.6	
6	钻—扩—粗铰—精铰	7	0.8~0.4	
7	粗镗(扩孔)	11~13	6.3~3.2	除淬火钢外各种材料,毛坯有铸出孔或锻出孔
8	粗镗(扩孔)—半精镗(精扩)	9~10	3.2~1.6	
9	粗镗(扩)—半精镗(精扩)—精镗	7~8	1.6~0.8	

(2) 内表面车削工艺特点

① 内成形面不太复杂时,加工工艺常采用钻→粗车→精车,孔径较小时可采用手动方式或 MDI 方式"钻→铰"加工。

② 大锥度锥孔和较深的弧形槽、球窝等加工余量较大的表面加工可采用固定循环编程或子程序编程,一般直孔和小锥度锥孔采用钻孔后两刀车出即可。

③ 较窄内槽采用等宽内槽切刀一刀或两刀切出(槽深时中间退一刀以利于断屑和排屑),宽内槽多采用内槽刀多次切削成形后精车一刀。

④ 切削内沟槽时,进刀采用从孔中心先沿 $-Z$ 方向,后沿 $-X$ 方向,退刀时先退少量 $-X$,后退 $+Z$ 方向。为防止干涉,退 $-X$ 方向时退刀尺寸必要时需计算。

⑤ 中空工件的刚性一般较差,装夹时应选好定位基准,控制夹紧力大小,以防止工件变形,保证加工精度。

⑥ 工件精度较高时,按粗精加工交替进行内、外轮廓切削,以保证形位精度。

⑦ 换刀点的确定要考虑内孔车刀刀杆的方向和长度,以免换刀时刀具与工件、尾架(可能有钻头)发生干涉。

⑧ 因内孔切削条件差于外轮廓切削,故内孔切削用量较切削外轮廓时选取小些(约小 30%~50%)。但因孔直径较外廓直径小,实际主轴转速可能会比切外轮廓时大。

(3) 内表面车削的走刀路线

如图 1-4-4(a)所示,车削通孔时,车刀作纵向进给。

如图 1-4-4(b)、(c)所示,车削盲孔和台阶孔时,车刀要先作纵向进给,当车到孔的根部时再作横向进给,从外向中心进给车端面或台阶端面。

如图 1-4-4(d)所示,车削内环槽时,车刀作横向进给。

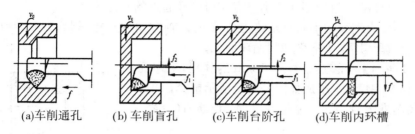

(a)车削通孔　　(b) 车削盲孔　　(c)车削台阶孔　　(d)车削内环槽

图 1-4-4　内表面车削走刀路线

二、车削编程

1. 单一固定切削循环指令 G90

G90 是单一形状固定循环指令,该循环主要用于轴类零件的外圆、锥面的加工。如图 1-4-5 所示的循环,刀具从循环起点开始按 1R→2F→3F→4R 循环,最后又回到循环起点。图中虚线表示按 R 快速移动,实线表示按 F 指定的工件进给速度移动。

　　指令格式:G90　X(U)＿ Z(W)＿ R ＿ F ＿

　　式中:X、Z 取值为切削终点坐标值;

　　　　　U、W 取值为切削终点相对循环起点的坐标分量;

　　　　　R 取值为圆锥面切削始点与圆锥面切削终点的半径差,有正、负号。当
　　　　　R＝0 时,该循环用于轴类零件的外圆。

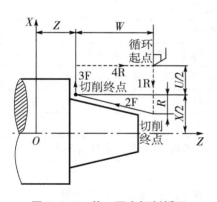

图 1-4-5　单一固定切削循环

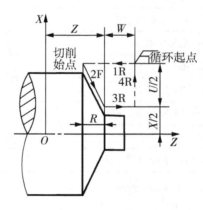

图 1-4-6　端面切削循环

2. 端面循环切削指令 G94

G94 指令用于一些短、端面尺寸大的零件的垂直端面或锥形端面的加工,可直接从毛坯余量较大或棒料车削零件时进行粗加工,以去除大部分毛坯余量。其循环方式如图 1-4-6 所示。

　　指令格式:G94　X(U)＿ Z(W)＿ R ＿ F ＿

　　式中:X、Z 取值为端面切削终点坐标值;

U、W 取值为端面切削终点相对循环起点的坐标分量；

R 为端面切削始点至终点位移在 Z 轴方向的坐标增量。当 R＝0 时，该循环用于大端面切削循环加工。

【例 1-4-1】 毛坯尺寸 ϕ 45 mm 的棒料，毛坯孔 ϕ 20，材料 45 钢，试车削成如图 1-4-7 所示锥套，T01：93°粗、精车外圆刀，T02：镗孔刀，T04：切断刀（刀宽 3 mm）。

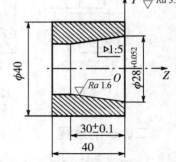

图 1-4-7　端面切削循环

以工件右端面与轴线的交点为程序原点建立工件坐标系。加工路线为：车端面→粗车外圆→粗镗 ϕ 22 mm 内孔表面→粗镗锥孔→精车外圆→自右向左精镗内表面→切断→检测、校核。

计算各基点位置坐标值，参考程序见表 1-4-4。

当加工内锥面 Z 向的起始点为 Z2，计算精加工内锥面时，切削起始点的直径 D。根据公式 $c=\dfrac{D-d}{L}$，即 $c=\dfrac{1}{5}=\dfrac{D-28}{2}$，得 D＝28.4，并可计算小端直径为 ϕ22，当采用 G90 指令进行加工时，$R=\dfrac{28.4-22}{2}=3.2$。

表 1-4-4　加工锥套参考程序

O1604	程序号
N10 T0101	选用刀具，建立工作坐标系
N20 G00 X200 Z200	快速定位
N30 M03 S640	主轴正转
N40 G99	设定进给速度单位为 mm/r
N50 G00 X50 Z2	快速定位至 ϕ50 直径，距端面正向 2 mm
N60 G94 X0 Z0.5 F0.1	加工端面
N70 Z0	
N80 G90 X40.4 Z－43 F0.3	加工 ϕ40 外圆，留精加工余量 0.2 mm
N90 G00 X200 Z200 N92 T0100 N95 M05	返回刀具起始点，取消刀补，停主轴
M100 M03 S640 T0202	主轴正转，换镗孔刀
N110 G00 X18 Z2	定位至 ϕ18 直径外，距端面正向 2 mm
N120 G90 X21.6 Z－43 F0.3	粗加工 ϕ22 孔，留精加工余量 0.2 mm
N130 X18 Z－30 R3.2 F0.3	粗加工锥孔，留加工余量 0.2 mm
N140 X21.6	

（续表）

N150 G00 X200 Z200 T0200 M05	返回刀具起始点,取消刀补,停主轴
N160 M01	选择性停止,检测工作
O1604	程序号
N170 M03 S900 T0101	换速,主轴正转,选用1号外圆车刀
N180 G00 X40 Z2	快速定位至 ϕ40 直径,距端面正向2 mm
N190 G01 Z-43	精加工 ϕ40 外圆
N200 G00 X55	径向退刀
N210 G00 X200 Z200 T0100 M05	返回刀具起始点,取消刀补,停主轴
N220 M01	选择性停止,检测工作
N230 M03 S900 T0202	换速,主轴正转,选用2号镗刀
N240 G00 X28.4 Z2	快速定位至精加工锥孔起始点
N250 G01 X22 Z-30 F0.1	精加工锥孔
N260 Z-43	精加工 ϕ22 内圆
N270 X18	径向退刀
N280 G00 Z2	轴向退刀,快速退出工件孔
N290 G00 X200 Z200 T0200 M05	返回刀具起始点,取消刀补,停主轴
N300 M01	选择性停止,检测工作
N310 M03 S335 T0404	换切断刀,主轴正转
N320 G00 X50 Z-43	快速定位
N330 G01 X16 F0.1	切断
N340 G00 X50	径向退刀
N350 G00 X200 Z200	返回刀具起始点
N360 M30	程序结束

3. 端面深孔加工循环指令 G74

G74 端面深孔加工循环程序指令刀具路径如图 1-4-8 所示,A 点为 G74 循环起始点,(X __ Z __)为 G74 循环终点坐标,A 点至 B 点的距离为 X 方向总的切削量,A 点至 C 点的距离为 Z 方向总的切深量。在此循环中,可以处理外形切削的断屑,另外,如果省略地址 X(U)、P,只是 Z 轴动作,则为深孔钻循环。

指令格式：G74 R(e)

　　　　　　G74 X(U)　　Z(W)　　P(Δi) Q(k)R(Δd)F(f)

式中：e——每次沿 Z 方向切削 Δk 后的退刀量,没有指定 R(e)时,用参数也可以设定,根据程序指令,参数值也改变；

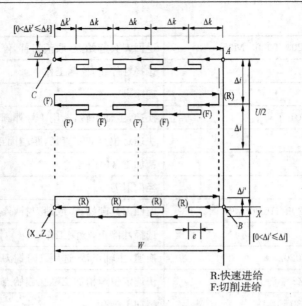

R:快速进给
F:切削进给

图 1-4-8 深孔钻削循环

X——B 点的 X 方向绝对坐标值;

U——A 到 C 的增量;

Z——B 点的 Z 方向绝对坐标值;

W——A 到 B 的增量;

Δi——X 方向的每次循环移动量(无符号单位:μm)(直径);

Δk——Z 方向的每次切削移动量(无符号单位:μm);

Δd——切削到终点时 Z 方向的退刀量,通常不指定,省略 X(U)和 Δi 时,则视为 0;

f——进给速度。

【例 1-4-2】 如图 1-4-9 所示,采用深孔钻削循环功能加工底孔。钻头直径 23 mm,每次钻削长度 10 mm,退刀 2 mm,进给量为 0.2 mm/r。

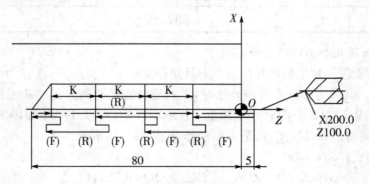

图 1-4-9 端面深孔加工循环

以工件右端面与轴线的交点为程序原点建立工件坐标系,参考程序如表 1-4-5 所示。

表 1-4-5 底孔加工参考程序

O1401	程序号
N10 T0202	选用刀具,建立工作坐标系
N20 G00 X200 Z100	快速定位至换刀点
N30 M03 S600	启动主轴
N40 G00 X0 Z1	刀具快速定位到钻削循环起点
N50 G74 R1	钻孔循环,退刀 2 mm
N60 G74 Z-80 Q10 F0.1	钻孔总深度 80 mm,每次切深 10 mm,
N70 G00 X200 Z100	返回换刀点
N80 M30	程序结束

4. 内外径钻孔、切槽切削循环指令 G75

G75 端面深孔加工循环程序指令的刀具路径如图 1-4-10 所示。G75 指令可以处理端面切削时的切屑,并且可以实现 X 轴向切槽或 X 向排屑钻孔(省略地址 Z、W、Q)。G74 和 G75 两者都用于切槽和钻孔,且刀具自动退刀。有四种进刀方向。

指令格式:G75 R(e)

G75 X(U)＿ Z(W)＿ P(i) Q($\triangle k$)
R($\triangle d$)F(f)

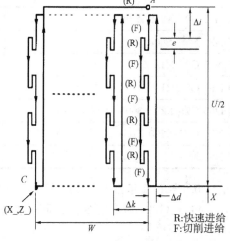

图 1-4-10 内外径钻孔、切槽循环的刀具轨迹

式中:e——每次沿 Z 方向切削 $\triangle i$ 后的退刀量。另外,用参数(No056)也可以设定,根据程序指令,参数值也改变;

　　　X——C 点的 X 方向绝对坐标值;

　　　U——A 到 C 的增量;

　　　Z——B 点的 Z 方向绝对坐标值;

　　　W——A 到 B 的增量;

　　　$\triangle i$——X 方向的每次循环移动量(无符号单位:μm)(直径);

　　　$\triangle k$——Z 方向的每次切削移动量(无符号单位:μm);

　　　$\triangle d$——切削到终点时 Z 方向的退刀量,通常不指定,省略 X(U)和 $\triangle i$ 时,则视为 0;

　　　f——进给速度。

【例 1-4-3】 如图 1-4-11 所示,加工切矩形槽。

建立如图所示坐标系,参考程序如表 1-4-6 所示。

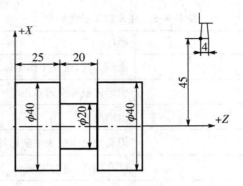

图 1-4-11　G75 应用实例

表 1-4-6 矩形槽加工参考程序

O1402	程序号
N10 T0202	选用刀具,建立工作坐标系
N20 G00 X200 Z100	快速定位至换刀点
N30 M03 S600	启动主轴
N40 G00 X42 Z411	刀具快速定位到钻削循环起点
N50 G75 R1	切槽循环指令切槽
N60 G75 X20 P3000 Q3500 R0 F25	
N70 G00 X200 Z100	返回换刀点
N80 M30	程序结束

5. 车削循环指令(G71、G72、G73)

G71、G72、G73 指令格式同外圆车削,但应注意精加工余量 U 地址后的数值为负值。

6. 轴套车削编程

(1) 工艺分析

该零件为一轴套类零件,主要加工面为内表面(由两处直孔,一处内螺纹,一处内沟槽组成)。其中 $\phi50$ 外圆、$\phi30$、$\phi24$ 内孔的尺寸精度要求较高;$\phi50$ 外圆、$\phi24$ 内孔的表面质量要求较高;这些表面均安排粗、精加工。确定工艺过程如下:

车端面→钻中心孔→用 $\phi23$ 钻头钻出长度为 58 mm 的内孔→粗车外轮廓,留精加工余量 0.6 mm→精车外轮廓,达到图纸要求→粗镗内表面,留精加工余量 0.4 mm→切内沟槽→精镗内表面,达到图纸要求→车内螺纹,达到图纸要求→切断,保证总长 50.2 mm→掉头,平端面、倒角,达到图纸要求。

(2) 装夹方案

毛坯为棒料,用三爪自定心卡盘夹紧定位。

(3) 程序编制

以工件右端面与轴线的交点为程序原点建立工件坐标系,参考程序如表 1-4-7 所示。

表 1-4-7 轴套右端加工参考程序

O1403	程序号
N10 T0101	选择 1 号刀,建立刀补
N20 G00 X100 Z100	设置换刀点
N30 M03 S800	启动主轴
N40 G00 X55 Z2	G90 循环起点
N50 G90 X53 Z−51 F100	外圆粗车简单循环
N60X51	
N70 G00 X60 Z100	返回换刀点
N80 M05	主轴停
N90 M00	程序暂停,检测工件
N100 GT0101 M03 S900	调用刀具补偿值
N110 G00 X55 Z2	快速定位
N120 G01 X42	快速定位至倒角起点
N130 X50 Z−2	倒角
N140 Z−51	精车外圆表面
N150 G00 X100 Z100	快速定位至换刀点
N160 T0202	选择 2 号刀,建立刀补
N170 G00 X20 Z50 M03 S700	快速定位,启动主轴
N180 G00 Z2	
N190 G71 U1 R0.5	粗车内轮廓
N200 G71 P210 Q280 U−0.5 W0.2 F120	
N210 G00 X40	内轮廓加工起点
N220 G01 Z0 F80	
N230 X34 Z−2	
N240 Z−20	
N250 X30	
N260 Z−37	
N270 G03 X24 Z−40 R3	
N280 G01 Z−52	内轮廓加工终点
N290 G00 X100 Z100 M05	返回换刀点,主轴停止
N300 M00	程序暂停,检测工件
N310 T0202 M03 S800	调用 2 号刀具补偿,启动主轴
N320 G00 G41 X20 Z2	进行刀具补偿
N330 G70 P230 Q300	精加工内轮廓
N340 G40 G00 X80 Z100	取消 2 号刀刀补
N350 T0303 M03 S500	选择 3 号刀,建立刀补

（续表）

O1403	程序号
N360 G00 X32 Z2	快速定位
N370 Z-20	内槽加工起刀点
N380 G01 X38 F60	加工内槽
N390 G00 X32	X 向退刀
N400 Z2	Z 向退刀
N410 G00 X80 Z100	返回换刀点,停主轴
N420 T0404 M03 S600	选择 3 号刀,建立刀补。启动主轴
N430 G00 X32 Z4	快速定位至内螺纹加工起点
N440 G76 P010660 Q50 R0.1	螺纹加工
N450 G76 X36 Z-18.5 R0 P1299 Q400 F2	
N460 G00 X80 Z100	返回换刀点
N470 M05	主轴停止
N480 M30	程序结束

表 1-4-8　轴套左端加工参考程序

O0003	程序号
N10 T0101 M03 S700	
N20 G00 X50 Z2	切螺纹循环,第四刀
N30 G01 X16 F80	切螺纹循环,第五刀
N40 Z0	刀具返回换刀点,停主轴
N50 X50 Z-2	取消 5 号刀刀补
N60 G00 X60 Z100	选择 6 号刀,建立刀补
N70 T0202 M03 S600	主轴正转
N80 G00 X30	设置进刀点
N90 G01 Z0	到切断起点,总长留 0.2 余量
N100 X24 Z-2	
N110 G00 Z0	切断工件
N120 Z2	X 向退刀
N130 X60 Z100	刀具返回换刀点,停主轴
N140 M05	程序结束
N150 M30	

说明：如果采用四方刀架,刀位不够,加工过程中需要拆卸更换刀具。

三、车削加工

1. 输入程序

输入程序后用数控编程模拟软件对加工刀具轨迹仿真,或用数控系统图形仿真加工,进行程序校验及修整。

2. 安装刀具

(1) 安装麻花钻

在车床上安装麻花钻的方法一般有 4 种:

① 用钻夹头安装。直柄麻花钻可用钻夹头装夹,再插入车床尾座套筒内使用。

② 用钻套安装。锥柄麻花钻可直接插入尾座套筒内或通过变径套过渡使用。

③ 用开缝套夹安装。这种方法利用开缝套夹将钻头(直柄钻头)安装在刀架上,如图 1-4-12(a)所示,不使用车床尾座安装,可应用自动进给。

④ 用专用工具安装。如图 1-4-12(b)所示,锥柄钻头可以插在专用工具锥孔 1 中,专用工具 2 方块部分夹在刀架中。调整好高低后,可用于自动进给钻孔。

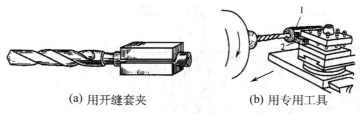

(a) 用开缝套夹　　　　　　　　(b) 用专用工具

图 1-4-12　钻头在刀架上的安装

(2) 安装内孔车刀

内孔刀安装时,刀尖要对准中心或略高于中心,不得低于中心。高速车削螺纹时,为了防止振动和扎刀,刀尖应略高于中心 0.1～0.3 mm。刀杆伸出长度尽量缩短,一般大于加工长度 5 mm 左右。

3. 零件加工与检测

自动加工→停车后,按图纸要求检测工件,对工件进行误差与质量分析。

【巩固提高】

完成如图 1-4-13 所示零件的加工。按单件生产安排其数控车削工艺,编写出加工程序。毛坯为 $\phi50$ mm $\times 55$ mm 棒料,材料为 45 钢。

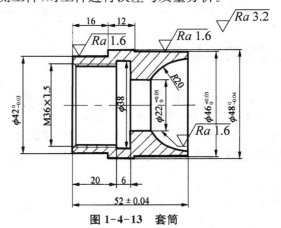

图 1-4-13　套筒

项目五　数控车削球头联轴节

【工作任务】

球头联轴节零件图如图 1-5-1 所示。毛坯尺寸 ϕ30 mm×83 mm，材料为 45 钢。要求确定零件加工方案，编写零件的数控加工程序，完成零件的数控车削加工。

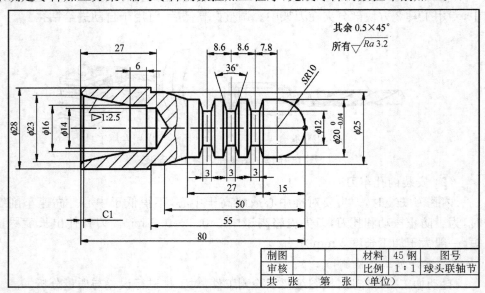

图 1-5-1　球头联轴节

【学习目标】

1. 掌握零件加工工艺的分析方法，能分析零件图样，确定加工顺序、加工路线、加工用量，编写零件加工工艺文件。
2. 能按照数控系统规定的程序格式和要求填写零件的加工程序单，对加工程序单、控制介质、刀具运动轨迹及首件工件试切等内容进行单项或综合校验工作。

一、数控车削加工工艺分析

1. 工艺分析的内容

当选择并决定某个零件进行数控加工后,必须对零件图纸进行仔细的工艺分析,确定那些最适合、最需要进行数控加工的内容和工序。在选择并做出决定时,应结合本单位的实际,立足攻克关键性技术问题和提高生产效率,充分发挥数控加工的优势。具体选择时,一般可按下列顺序考虑:

(1) 首选通用机床无法加工的内容

① 由轮廓曲线构成的回转面。

② 具有微小尺寸要求的结构表面。

③ 同一表面采用多种设计要求的结构。

④ 表面间有严格几何关系要求的表面:表面间相切、相交或一定的夹角连接关系,这样的结构需要在加工中连续切削才能形成。

(2) 重点选择通用机床难加工或质量难以保证的内容

① 表面间有严格位置精度要求,但在普通机床上无法一次安装加工的表面。

② 表面粗糙度要求很严的锥面、曲面和端面等。这类表面只能采用恒线速度切削才能达到要求,目前普通设备多不具备恒线速度切削功能块。

③ 通用机床加工效率低,工人手工操作劳动强度大的内容,可在数控机床尚存富余能力的基础上进行选择。

此外,在选择和决定加工内容时,也要考虑生产批量、现场生产条件、生产周期等情况。随着生产技术条件的进步,许多现代化生产企业,包括大量生产的企业,其产品零件几乎 100% 采用数控设备生产制造,零件的所有表面都采用数控机床加工,这样就不存在加工表面选择问题了。

2. 零件加工工艺性分析

在设计零件的数控加工工艺时,首先要对加工对象进行深入分析,遵循机械加工工艺分析的基本原则。数控车削加工主要应考虑以下几方面。

(1) 零件图纸中的尺寸标注方法是否适应数控加工的特点

对数控加工来说,坐标标注法既便于编程,也便于尺寸间的相互协调,在保证设计、定位、检测基准与编程原点设置的一致性方面带来很大的方便。由于零件设计人员较多地考虑装配等使用特性要求,常采用局部分散的标注方法;而数控加工精度及重复定位精度都很高,因此为方便编程,常需改局部的分散标注为集中标注或坐标式标注。

数控车床车削零件时,还需进行必要的尺寸换算:如对零件要求的尺寸取最大和最小极限尺寸的平均值作为编程的尺寸依据;增量尺寸与绝对尺寸及尺寸链计算等。

(2) 构成零件轮廓的几何条件

在车削加工中手工编程时,要计算每个节点坐标;在自动编程时,要对构成零件轮廓所有几何元素进行定义,因此在分析零件图时应注意以下几点。

① 零件图上是否漏掉某尺寸,使其几何条件不充分,影响到零件轮廓的构成。

② 零件图上的图线位置是否模糊或尺寸标注不清,使编程无法下手。

③ 零件图上给定的几何条件是否不合理,造成数学处理困难。

(3) 零件精度与技术要求分析

对被加工零件的精度及技术要求进行分析,是正确而合理地选择加工方法、装夹方式、进给路线、刀具及切削用量等的依据,具体内容如下。

① 分析各项技术要求是否齐全合理,判断能否利用车削工艺达到,并确定控制尺寸精度的工艺方法。对采用数控加工的表面,其精度要求应尽量一致,以便最后能一刀连续加工。

② 分析本工序的数控车削加工精度能否达到图样要求,若达不到,需采用其他措施弥补,并注意给后续工序留有余量。

③ 分析形状和位置精度的要求。零件图样上给定的形状和位置公差是保证零件精度的重要依据。加工时,要按照其要求确定零件的定位基准和测量基准,还可以根据数控车床的特殊需要进行一些技术性处理,以便有效的控制零件的形状和位置精度。

④ 分析表面粗糙度要求。表面粗糙度是保证零件表面微观精度的重要要求,也是合理选择数控车床、刀具及确定切削用量的依据。

⑤ 分析材料与热处理要求。零件图样上给定的材料与热处理要求,是选择刀具、数控车床型号、确定切削用量的依据。

二、制定数控车削加工工艺文件

1. 选择装夹方式

数控车床上零件安装方法要尽量选用已有的通用夹具装夹,且应注意减少装夹次数,尽量做到在一次装夹中能把零件上所有要加工表面都加工出来。零件定位基准应尽量与设计基准重合,以减少定位误差对尺寸精度的影响。

数控车床夹具主要分为两大类,即用于轴类工件的夹具和用于盘类工件的夹具。

(1) 轴类零件的装夹

对于轴类零件,通常以零件自身的外圆柱面作定位基准面来定位。

① 三爪自定心卡盘装夹

三爪卡盘常见机械式和液压式两种,是最常用的车床通用卡具。三爪卡盘最大的优点是可以自动定心,夹持工件时一般不需要找正。但夹紧力较四爪单动卡盘小,只限于装夹圆柱形、正三角形、六边形等形状规则的零件;定心精度存在误差,如工件伸出太长,需找正;不适于同轴度要求高的工件的二次装夹。

由于数控车床主轴转速极高,为便于工件夹紧,多采用液压高速动力卡盘,这种卡盘在生产厂已通过了严格平衡检验,具有高转速(极限转速可达 4 000～8 000r/min)、高夹紧力(最大推拉力为 2 000～8 000 N)、高精度、调爪方便、通孔、使用寿命长等优点。通过调整油缸压力,可改变卡盘夹紧力,以满足夹持各种薄壁和易变形工件的特殊需要。还可以使用软爪夹持工件,软爪的内弧面由操作者随机配制,可获得理想的夹持精度。

② 四爪单动卡盘装夹

四爪单动卡盘如图 1-5-2 所示,是车床上常用的夹具,它适用于装夹形状不规则或大型的工件,夹紧力较大,装夹精度较高,不受卡爪磨损的影响,但装夹不如三爪自定心卡盘方便。装夹圆棒料时,在四爪单动卡盘内放一块 V 形架(如图 1-5-3 所示),装夹就快捷多了。

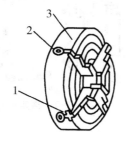

图 1-5-2　四爪单动卡盘

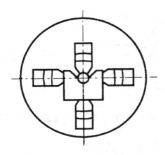

图 1-5-3　放 V 形架装夹圆棒

③ 两顶尖装夹

对于较长的或必须经过多次装夹加工的轴类零件,工序较多,车削后还要铣削和磨削的轴类零件,要采用顶尖装夹,如图 1-5-4 所示,以保证每次装夹时的装夹精度。

用两顶尖装夹轴类零件,必须先在零件端面钻中心孔,中心孔有 A 型(不带护锥)、B 型(带护锥)、C 型(带螺孔)和 R 型(弧型)四种。

用两顶尖装夹工件时须注意:

a. 前后顶尖的连线应与车床主轴轴线同轴,否则车出的工件会产生锥度误差。

b. 尾座套筒在不影响车刀切削的前提下,应尽量伸出得短些,以增加刚性,减少振动。

c. 中心孔应形状正确,表面粗糙度值小。轴向精确定位时,中心孔倒角可加工成准确的圆弧倒角,并以该圆弧形倒角与顶尖锥面的切线为轴向定位基准定位。

d. 中心孔在使用过程中会因磨损和热处理变形而影响轴类零件的加工精度。中心孔的形状误差会影响到加工表面的加工精度,因此要在各个加工阶段对中心孔进行修整。中心孔的修整是提高中心孔质量的主要手段,精度越高,中心孔的修研次数越多。中心孔的修研方法主要有:用硬质合金顶尖修研;用油石、橡胶砂轮或铸铁顶尖修研,如图 1-5-5 所示;用中心孔磨床磨削。

e. 两顶尖与中心孔配合应松紧合适。

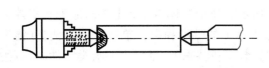

图 1-5-4　硬质合金顶尖

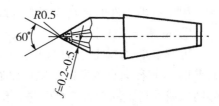

图 1-5-5　用油石研磨中心孔

④ 一夹一顶装夹

由于两顶尖装夹刚性较差,因此在车削一般轴类零件,尤其在较重的工件时,常采用一夹一顶装夹。为了防止工件的轴向位移,须在卡盘内装一限位支承,或利用工件的台阶作限位,如图1-5-6所示。由于一夹一顶装夹工件的刚性好,轴向定位正确,且比较安全,能承受较大的轴向切削力,因此应用广泛。

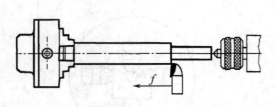

图1-5-6 用工件的台阶面限位

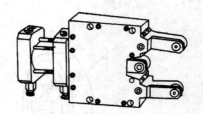

图1-5-7 自定心中心架

⑤ 自定心中心架

为减少细长轴加工时受力变形,提高加工精度,以及在加工带孔轴类工件内孔时,可采用液压自动定心中心架,其定心精度可达0.03 mm。图1-5-7为数控自定心中心架,常作为机床附件提供。其工作原理为:通过安装架与机床导轨相连,工作时由主机发信号,通过液压或气动力源作夹紧或松开,润滑系统采用中心润滑系统。

⑥ 自动夹紧拨动卡盘

自动夹紧拨动卡盘的结构如图1-5-8所示。坯件1安装在顶尖2和车床的尾座顶尖上。当旋转车床尾座螺杆并向主轴方向顶紧坯件时,顶尖2也同时顶压起自动复位作用的弹簧6。顶尖在向左移动的同时,套筒3(即杠杆机构的支撑架)也将与顶尖同步移动。在套筒的槽中装有杠杆4和支撑销5,当套筒随着顶尖运动时,杠杆的左端触头则沿锥环7的斜面绕着支撑销轴线作逆时针方向摆动,从而使杠杆右端的触头(图中示意为半球面)压紧坯

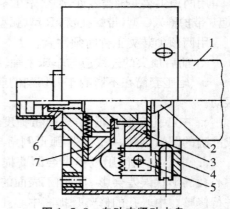

图1-5-8 自动夹紧动卡盘

件。在这样一套夹具中,其杠杆机构通常设计为3~4组均布,并经调整后使用。

(2)盘类零件的装夹

用于盘类工件的夹具主要有可调卡爪式卡盘和快速可调卡盘。

① 可调卡爪式卡盘

可调卡爪式卡盘的结构如图1-5-9所示。每个基体卡座2上都对应配有不淬火的卡爪1,其径向夹紧所需位置可以通过卡爪上的端齿和螺钉单独进行粗调整(错齿移动),或通过差动螺杆3单独进行细调。装夹较特殊的、批量大的盘类零件时,可按其实际需要,通过简单的加工程序或数控系统的手动功能,用车刀将不淬火卡爪的夹

持面车至所需的尺寸。

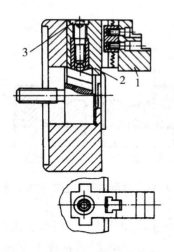

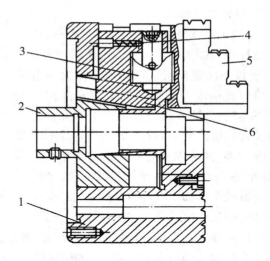

图 1-5-9　可调卡爪式卡盘　　　　　图 1-5-10　快速可调卡盘

② 快速可调卡盘

快速可调卡盘的结构如图 1-5-10 所示。使用该卡盘时,用专用扳手将螺杆 3 旋动 90°,即可将单独调整或更换的卡爪 5 相对于基体卡座 6 快速移动至所需要的尺寸位置,而不需要对卡爪进行车削。为便于对卡爪进行定位,在卡盘壳体 1 上开有圆周槽,当卡爪调整到位后,旋动螺杆 3,使其螺杆上的螺纹与卡爪上的螺纹啮合。同时,被弹簧压着的钢球 4 进入螺杆 3 的小槽中,并固定在需要的位置上。这样,可在约两分钟的时间内,逐个将其卡爪快速调整好。但这种卡盘的快速夹紧过程,需另外借助安装在车床主轴尾部的拉杆等机械机构来实现。

快速可调卡盘的结构刚性好,工作可靠,因而广泛用于装夹法兰等盘类及杯形工件,也可用于装夹不太长的轴类工件。

(3) 保证零件的同轴度、垂直度

① 一次安装加工。它是在一次安装中把工件全部或大部分尺寸加工完成的一种装夹方法。此方法,没有定位误差,可获得较高的形位精度,但需经常转换刀架,变换切削用量,尺寸较难控制。

② 以外圆为定位基准装夹。工件以外圆为基准保证位置精度时,零件的外圆和一个端面必须在一次安装中精加工后,方能作为定位基准。以外圆为基准时,常用软卡爪装夹工件。

③ 以内孔为定位基准装夹。中小型轴套、带轮、齿轮等零件,常以工件内孔作为定位基准安装在心轴上,以保证工件的同轴度和垂直度。常用的心轴有以下两种:

a. 实体心轴。分为小锥度心轴和台阶式心轴两种。小锥度心轴有 1:1 000~1:5 000 的锥度。其特点是制造容易,加工出的零件精度较高。缺点是长度无法定位,承受的切削力小,装卸不太方便。

b. 胀力心轴。依靠心轴弹性变形所产生的胀力来夹紧工件。胀力心轴装夹工件方便,精度较高,应用广泛。但夹紧力较小,多用于位置精度要求较高工件的精加工。

2. 确定工艺路线

(1) 工序的划分

数控车削加工以下几种原则使用较多。

① 以一次安装所进行的加工作为一道工
序。将位置精度要求较高的表面安排在一次
安装下完成,以免多次安装所产生的安装误差
影响位置精度。例如,以图 1-5-11 所示的轴
承内圈为例,轴承内圈有一项公差要求:壁厚
差,即滚道与内径在一个圆周上的最大壁厚

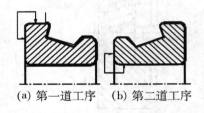

(a) 第一道工序　　(b) 第二道工序

图 1-5-11　轴承内圈两道工序加工方案

差。用数控车床加工此零件,可两次装夹完成
全部精车加工。第一道工序采用图 1-5-11(a)
所示的以大端面和大外径定位装夹的方案,滚道和内径的车削及除大外径、大端面及
相邻两个倒角外的所有表面均在次装夹内完成。由于滚道和内径同在此工序车削,
壁厚差大为减小,且加工质量稳定。此外,该轴承内圈小端面与内径的垂直度、滚道
的角度也有较高的要求,因此也在此工序内完成。第二道工序采用图 1-5-11(b)所
示的以内孔和小端面定位的装夹方案,车削大外圆和大端面及倒角。

② 以一个完整数控程序连续加工的内容为一道工序。有些零件虽然能在一次
安装中加工出很多待加工面,但考虑到程序太长,会受到某些限制,如:内存容量,机
床连续工作时间的限制(如一道工序在一个工作班内不能结束)等,此外,程序太长会
增加出错率,查错与检索困难,因此,将一个独立完整的数控程序连续加工的内容为
一道工序。

③ 以工件上的结构内容组合用一把刀具加工为一道工序。有些零件结构复杂,既
有回转表面也有非回转表面,既有外圆、平面也有内腔、曲面。对于加工内容较多的零
件,按零件结构特点将加工内容组合分成若干部分,每一部分用一把典型刀具加工,这
时可以将组合在一起的所有部分作为一道工序。然后再将另外组合在一起的部位换另
外一把刀具加工,作为新的一道工序。这样可以减少换刀次数,减少空行程。

④ 以粗、精加工划分工序。对于容易发生加工变形的零件,通常粗加工后需要
进行矫形,这时粗加工和精加工作为两道工序,可以采用不同的刀具或不同的数控车
床加工。对毛坯余量较大和精加工要求较高的零件,应将粗车和精车分开,划分成两
道或更多的工序。将粗车安排在精度较低、功率较大的数控车床上,将精车安排在精
度较高的数控车床上。如图 1-5-12 所示的零件,应先切除整个零件的大部分余量,
再将表面精车一遍,以保证加工精度和表面粗糙度的要求。

总之,在数控加工工序划分时,一定要视零件的结构、批量、机床的功能、零件数
控加工内容的多少、程序大小、安装次数及本单位生产组织状况灵活掌握。

(2) 工步顺序的确定

在数控机床加工过程中,由于加工对象复杂多样,特别是轮廓曲线的形状及位置
千变万化,加上材料不同、批量不同等多方面因素的影响,在对具体零件制定加工顺

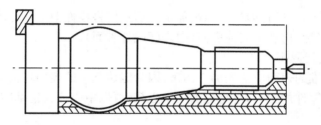

图 1-5-12　车削加工的零件

序时,应该进行具体分析和区别对待,灵活处理。只有这样,才能使所制定的加工顺序合理,从而达到质量优、效率高和成本低的目的。数控车削主要采用以下原则。

① 先粗后精

为了提高生产效率并保证零件的精加工质量,在切削加工时,应先安排粗加工工序,在较短的时间内,将精加工前大量的加工余量(如图 1-5-13 中的虚线内所示部分)去掉,同时尽量满足精加工的余量均匀性要求。

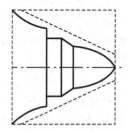

当粗加工工序安排完后,应接着安排换刀后进行的半精加工和精加工。其中,安排半精加工的目的是,当粗加工后所留余量的均匀性满足不了精加工要求时,则可安排半

图 1-5-13　先粗后精示例

精加工作为过渡性工序,以便使精加工余量小而均匀。在安排可以一刀或多刀进行的精加工工序时,其零件的最终轮廓应由最后一刀连续加工而成。这时,加工刀具的进退刀位置要考虑妥当,尽量不要在连续的轮廓中安排切入和切出或换刀及停顿,以免因切削力突然变化而造成弹性变形,致使光滑连接轮廓上产生表面划伤、形状突变或滞留刀痕等疵病。

② 先近后远加工,减少空行程时间

一般情况下,特别是在粗加工时,通常安排离对刀点近的部位先加工,离对刀点远的部位后加工,以便缩短刀具移动距离,减少空行程时间,并有利于保持毛坯件或半成品件的刚性,改善其切削条件。例如,当加工图 1-5-14 所示零件时,如果按 ϕ38 mm→ϕ36 mm→ϕ34 mm 的次序安排车削,不仅会增加刀具返回对刀

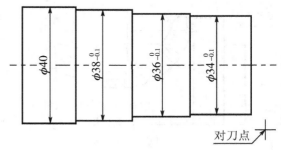

图 1-5-14　先近后远示例

点所需的空行程时间,而且还可能使台阶的外直角处产生毛刺(飞边)。对这类直径相差不大的台阶轴,当第一刀的切削深度(图中最大切削深度可为 3 mm 左右)未超限时,宜按 ϕ34 mm→ϕ36 mm→ϕ38 mm 的次序先近后远地安排车削。

③ 内外交叉

对既有内表面(内型腔),又有外表面需加工的零件,安排加工顺序时,应先进行

内外表面粗加工,后进行内外表面精加工。切不可将零件上一部分表面(外表面或内表面)加工完毕后,再加工其他表面(内表面或外表面)。

④ 基面先行原则

用作精基准的表面应优先加工出来,因为定位基准的表面越精确,装夹误差就越小。例如轴类零件加工时,总是先加工中心孔,再以中心孔为精基准加工外圆表面和端面。

3. 进给路线的确定

进给路线是刀具在整个加工工序中相对于工件的运动轨迹,它不但包括了工步的内容,而且也反映出工步的顺序。进给路线也是编程的依据之一。

进给路线的确定首先必须保证被加工零件的尺寸精度和表面质量,其次考虑数值计算简单、走刀路线尽量短、效率较高等。因精加工的进给路线基本上都是沿其零件轮廓顺序进行的,因此确定进给路线的工作重点是确定粗加工及空行程的进给路线。

(1) 进给路线与加工余量的关系

在数控车床还未达到普及使用的条件下,一般应把毛坯件上过多的余量,特别是含有锻、铸硬皮层的余量安排在普通车床上加工。如必须用数控车床加工时,则要注意程序的灵活安排。安排一些子程序对余量过多的部位先作一定的切削加工。

① 对大余量毛坯进行阶梯切削时的加工路线

图 1-5-15 所示为车削大余量工件的两种加工路线,图(a)是错误的阶梯切削路线,图(b)按 1→5 的顺序切削,每次切削所留余量相等,是正确的阶梯切削路线。因为在同样背吃刀量的条件下,按图(a)方式加工所剩的余量过多。

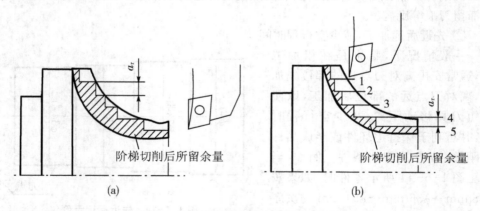

图 1-5-15　车削大余量毛坯的阶梯路线

根据数控加工的特点,还可以放弃常用的阶梯车削法,改用依次从轴向和径向进刀、顺工件毛坯轮廓走刀的路线,如图 1-5-16 所示。

② 分层切削时刀具的终止位置

当某表面的余量较多需分层多次走刀切削时,从第二刀开始就要注意防止走刀

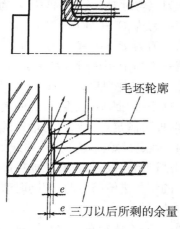

图 1-5-16　双向进刀走刀路线　　　图 1-5-17　分层切削时刀具的终止位置

到终点时切削深度的猛增。如图 1-5-17 所示，设以 90° 主偏角刀分层车削外圆，合理的安排应是每一刀的切削终点依次提前一小段距离 e（例如可取 $e=0.05$ mm）。如果 $e=0$，则每一刀都终止在同一轴向位置上，主切削刃就可能受到瞬时的重负荷冲击。当刀具的主偏角大于 90°，但仍然接近 90° 时，也宜作出层层递退的安排，这对延长粗加工刀具的寿命是有利的。

（2）刀具的切入、切出

在数控机床上进行加工时，要安排好刀具的切入、切出路线，尽量使刀具沿轮廓的切线方向切入、切出。车螺纹时，必须设置升速段 $\delta1$ 和降速段 $\delta2$（参见本教材工作模块一项目三），这样可避免因车刀升降而影响螺距的稳定。

（3）确定最短的空行程路线

确定最短的走刀路线，除了依靠大量的实践经验外，还应善于分析，必要时辅以一些简单计算。

① 巧用对刀点与换刀

图 1-5-18（a）为采用矩形循环方式进行粗车的一般情况示例。其起刀点 A 的设定是考虑到精车等加工过程中需方便地换刀，故设置在离

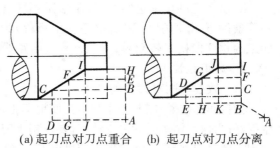

（a）起刀点对刀点重合　　（b）起刀点对刀点分离
图 1-5-18　巧用起刀点

坯料较远的位置处，同时将起刀点与其对刀点重合在一起，按三刀粗车的走刀路线安排如下：

第一刀为 $A \rightarrow B \rightarrow C \rightarrow D \rightarrow A$

第二刀为 $A \rightarrow E \rightarrow F \rightarrow G \rightarrow A$

第三刀为 $A \rightarrow H \rightarrow I \rightarrow J \rightarrow A$

图 1-5-18(b)则是巧将起刀点与对刀点分离,并设于图示 B 点位置,仍按相同的切削用量进行三刀粗车,其走刀路线安排如下:

起刀点与对刀点分离的空行程为 $A \rightarrow B$

第一刀为 $B \rightarrow C \rightarrow D \rightarrow E \rightarrow B$

第二刀为 $B \rightarrow F \rightarrow G \rightarrow H \rightarrow B$

第三刀为 $B \rightarrow I \rightarrow J \rightarrow K \rightarrow B$

② 合理安排"回零"路线。

合理安排"回零"路线时,应使其前一刀终点与后一刀起点间的距离尽量减短,或者为零,即可满足走刀路线为最短的要求。

(4) 确定最短的切削进给路线

切削进给路线短,可有效地提高生产效率,降低刀具损耗等。在安排粗加工或半精加工的切削进给路线时,应同时兼顾到被加工零件的刚性及加工的工艺性等要求,不要顾此失彼。

图 1-5-19 为粗车工件时几种不同切削进给路线的安排示例。其中,图 1-5-19(a)表示利用数控系统具有的封闭式复合循环功能而控制车刀沿着工件轮廓进行走刀的路线;图 1-5-19(b)为利用其程序循环功能安排的"三角形"走刀路线;图1-5-19(c)为利用其矩形循环功能而安排的"矩形"走刀路线。

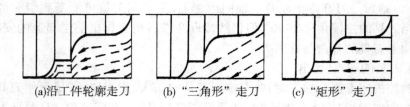

(a)沿工件轮廓走刀　　　(b)"三角形"走刀　　　(c)"矩形"走刀

图 1-5-19　走刀路线示例

对以上三种切削进给路线,矩形循环进给路线的走刀长度总和为最短。因此,在同等条件下,其切削所需时间(不含空行程)为最短,刀具的损耗小。另外,矩形循环加工的程序段格式较简单,所以这种进给路线的安排,在制定加工方案时应用较多。

4. 选用数控车刀

(1) 数控车削对刀具的要求

数控车床能兼作粗、精车削。为使粗车能大吃刀、大走刀,要求粗车刀具强度高、耐用度好;为保证精车时的加工精度,要求精车刀具的精度高、耐用度好。为减少换刀时间和方便对刀,应尽可能多地采用机夹刀。使用机夹刀可以为自动对刀准备条件。

(2) 可转位刀具的选择

数控车床刀具选择,从对被加工零件图样的分析开始,到选定刀具,主要从两方面来进行考虑:一是主要考虑机床和刀具的情况,从零件图样、机床影响因素、刀杆、刀片夹紧系统、刀片形状入手;二是主要考虑工件的情况,从工件影响因素、工件材料、刀片的断屑槽型等方面入手。综合这两方面的结果,才能确定所选用的刀具。

① 刀片的夹紧方式

在国家标准中,刀片的夹紧方式有上压式(代码 C)、上压与销孔夹紧(代码 M)、销孔夹紧(代码 P)和螺钉夹紧(代码 S)四种。如图 1-5-20 所示。但这不可能包括可转位车刀所有的夹紧方式。例如,代码 P 是用刀片的中心圆柱形销夹紧,而夹紧机构有杠杆式、偏心式等,而且,各刀具制造商所提供的产品不一定包括了所有的夹紧方式,因此选用时要查阅产品样本。如图 1-5-21 是德国瓦尔特公司可转位车刀几种典型的夹紧方式。

C	M	P	S
上压式夹紧	上压与销孔夹紧	销孔夹夹紧	螺钉夹紧
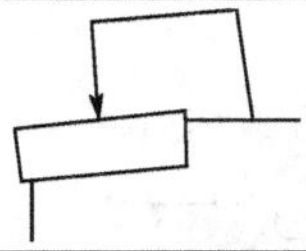	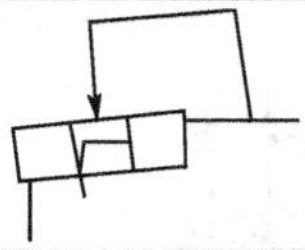	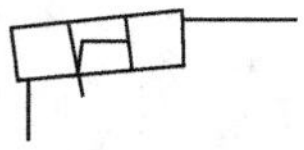	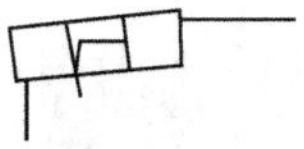

图 1-5-20　国家标准刀片夹紧方式

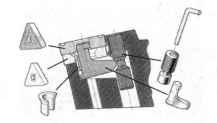
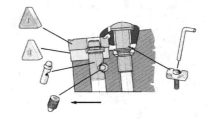

(a) 杠杆式夹紧系统　　　　　(b) 锲销压紧式锁紧结构

图 1-5-21　WALTER 车刀的锁紧结构

② 选择与加工任务相适应的刀片形状

刀片形状与加工对象、刀具的主偏角、刀尖角和有效刃等有关。外圆车刀常用 80°凸三边形(W 型)、四方形(S 型)和 80°菱形(C 型)刀片,仿形加工常用 55°菱形(D 型)、35°菱形(V 型)和圆形(R 型)刀片。

刀片可分为正型和负型两种基本类型。内轮廓加工、小型机床加工、工艺系统刚性较差和工件结构形状较复杂的情况应优先选择正型刀片。外圆加工、金属切除率高和加工条件较差时应优先选择负型刀片。

不同的刀片形状有不同的刀尖强度,图 1-5-22 表示了刀片形状与刀尖强度、切削振动的关系。刀尖角越大,刀尖强度越大,但刀尖角越大在切削时越容易产生振动。在工件和系统刚性允许的条件下,应选用尽可能大的刀尖角。

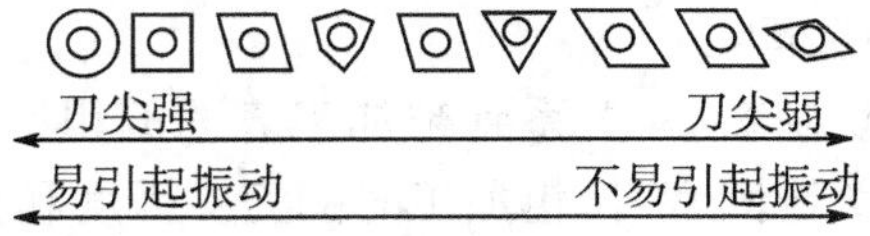

刀尖强　　　　　　　　刀尖弱

易引起振动　　　　　　不易引起振动

图 1-5-22　刀片形状与刀尖强度、切削振动示意图

刀片的尺寸直接取决于根据加工条件选择的刀杆类型、刀杆尺寸、主偏角及刀片类型。

③ 刀杆头部形式的选择

刀杆头部形式根据主偏角、直头与弯头之分有 15～18 种,各种形式规定了相应的代码,应据实际情况选择与加工任务相适应的刀杆头部形式。有直角台阶的工件,可选主偏角大于或等于 90°的刀杆,一般粗车可选 45°～90°的刀杆,精车可选 45°～75°的刀杆;工艺系统刚性好时可选较小主偏角值的刀杆,工艺系统刚性差时,可选较大主偏角值的刀杆;当刀杆为弯头结构时,车刀既可以加工外圆又可以加工端面。图 1-5-23 列出了几种不同结构的刀杆头部形式,图中箭头指向表示车削加工时车刀可以进给的方向。

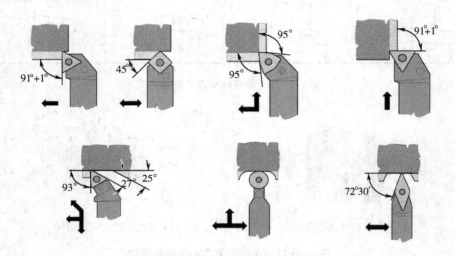

图 1-5-23　几种不同的刀头结构形式及切削进给方向

④ 刀片后角的选择

常用的刀片后角有 0°(N)、7°(C)、11°(P)、20°(E)等。粗加工和半精加工可选用 N 型;半精加工、精加工可选用 C、P 型后角,也可选用带断屑槽的 N 型后角刀片。加工铸铁、硬钢可选用 N 型后角;加工不锈钢可选用 C、P 型后角;加工铝合金可选用 P、E 型后角等。加工弹性恢复性强的材料可选用较大的后角,一般孔加工刀片可选用 C、P 型后角,大尺寸孔可选用 N 型后角。

⑤ 左右手刀柄的选择

刀柄的方向有三右手(R)、左手(L)和左右手(N)三种选择。选择与加工任务相适应的刀柄时,要注意区分左、右手刀的方向。要考虑机床刀架是前置式还是后置式、刀具的前刀面是朝上还朝下、主轴的旋转方向以及进给方向等。

⑥ 刀尖圆弧半径的选择

刀尖圆弧半径影响切削效率,关系到被加工表面的粗糙度和加工精度。选择刀尖圆弧半径需要考虑的关键因素有:粗加工时的刀头强度和精加工时的表面粗糙度。

选择刀尖圆弧半径的要点是:尽可能选择大的刀尖半径,以获得坚固的切削刃;

大刀尖半径允许使用高进给量；如果有振动的倾向，则应选择小的刀尖半径。

⑦ 确定刀片的断屑槽型代码或 ISO 断屑范围代码。如图 1-5-24 所示，ISO 标准按切削深度 a_p 和进给量的大小将断屑范围分为 A、B、C、D、E、F 六个区，其中 A、B、C、D 为常用区域，德国 WALTER 公司将断屑范围分为图中各色块表示的区域，ISO 标准和 WALTER 标准可结合使用。

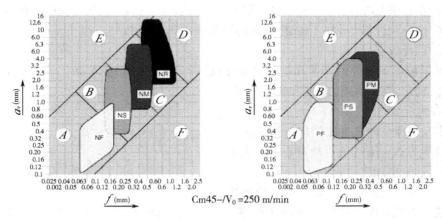

图 1-5-24　WALTER 断屑槽型代码的确定

5. 典型零件加工工艺

（1）轴类零件数控车削工艺分析

【例 1-5-1】　如图 1-5-25 所示为模具芯轴的零件简图（单位：mm）。零件的径向尺寸公差为 ±0.01 mm，角度公差为 ±0.1′，材料为 45 钢。毛坯尺寸为 $\phi66$ mm×100 mm，批量 30 件。

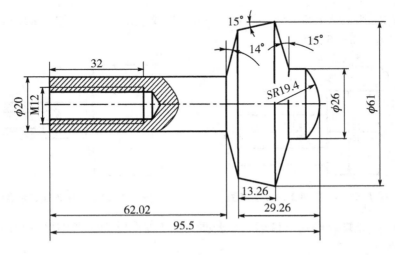

图 1-5-25　模具芯轴零件简图

① 零件图工艺分析

该零件表面由圆柱面、圆锥面、圆弧及内螺纹等表面组成。零件图尺寸标注完整,符合数控加工尺寸标注要求;轮廓描述清楚完整;零件材料为 45 钢,加工切削性能较好,无热处理和硬度要求。

通过上述分析,采用以下几点工艺措施。

a. 左右端面均为多个尺寸的设计基准,相应工序加工前,应该先将左右端面车出来。

b. 内孔尺寸较小,加工锥面、φ26 的圆弧面时需掉头装夹。

② 选择设备

根据被加工零件的外形和材料等条件,选用 CJK6240 数控车床。

③ 确定零件的定位基准和装夹方式

a. 内孔加工

定位基准:内孔加工时以外圆定位。

装夹方式:用三爪自动定心卡盘夹紧。

b. 外轮廓加工

定位基准:确定零件轴线为定位基准。

装夹方式:加工外轮廓时,采用一夹一顶装夹。如图 1-5-26 所示,用三爪卡盘工件 φ64 一端,另一端用尾座顶尖顶紧。

④ 确定加工顺序及进给路线

加工顺序的确定按由内到外、由粗到精、由近到远的原则确定,在一次装夹中尽可能加工出较多的工件表面。

⑤ 加工方案如下:

工序 1:用三爪卡盘夹紧工件一端,加工 φ64 mm×38 mm 柱面并调头打中心孔。

工序 2:用三爪卡盘夹紧工件 φ64 一端,另一端用顶尖顶住,加工 φ24 mm×62 mm 柱面。如图 1-5-26 所示。

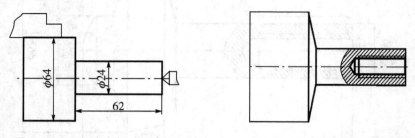

图 1-5-26　工序 2 加工示意图　　　　图 1-5-27　工序 3 加工示意图

工序 3:钻螺纹底孔→精车 φ20 表面→加工 14°锥面及背锥面→攻螺纹。如图 1-5-27 所示。

工序 4:加工 SR19.4 圆弧面、φ26 圆柱面、角 15°锥面和角 15°倒锥面,装夹方式如图 1-5-28 和图 1-5-29 所示。A 为换刀点,B 为起刀点,B 点既是复合循环的起点,又是循环终点。装夹时增加一个工艺环,目的是每加工一个零件进行一次校刀。

装夹时用手将工件推向三爪卡盘。工序 4 加工时先用复合循环 G71 指令分若干次一层层加工,逐渐靠近由 $E—F—G—H—I$ 等基点组成的回转面。后两次循环的走刀路线都与 $B—C—D—E—F$ 相似。用 G71 指令完成粗加工。精加工用 G70 指令完成,走刀路线是 $B—C—D—E—F—G—H—I—B$,如图 1-5-28 所示。再用固定循环指令加工最后一个 15°的倒锥面,如图 1-5-29 所示。

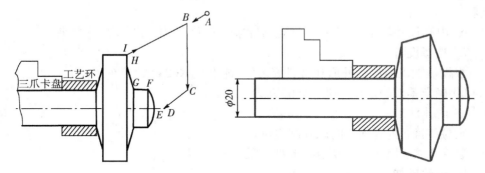

图 1-5-28　工序 4 加工示意图之一　　　图 1-5-29　工序 4 加工示意图之二

　　(2) 套类零件数控车削工艺分析

　　【例 1-5-2】　如图 1-5-30 所示轴承套零件,材料为 45 钢,无热处理和硬度要求,试对该零件进行数控车削工艺分析(单件小批量生产)。

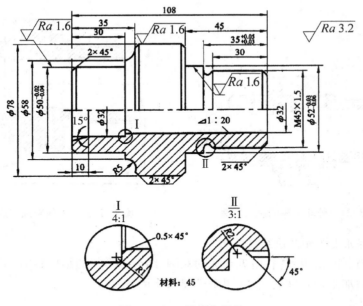

图 1-5-30　轴承套零件

　　① 零件图工艺分析

　　该零件表面由内外圆柱面、内圆锥面、顺圆弧、逆圆弧及外螺纹等表面组成,其中多个直径尺寸与轴向尺寸有较高的尺寸精度和表面粗糙度要求。零件图尺寸标注完整,符合数控加工尺寸标注要求;轮廓描述清楚完整;零件材料为 45 钢,加工切削性能较好,无热处理和硬度要求。通过上述分析,采用以下几点工艺措施。

a. 对图样上带公差的尺寸,因公差值较小,故编程时不必取平均值,而取基本尺寸即可。

b. 左右端面均为多个尺寸的设计基准,相应工序加工前,应该先将左右端面车出来。

c. 内孔尺寸较小,镗 1∶20 锥孔与镗 ϕ32 孔及 15°锥面时需掉头装夹。

② 选择设备

根据被加工零件的外形和材料等条件,选用 CJK6240 数控车床。

③ 确定零件的定位基准和装夹方式

a. 内孔加工

定位基准:内孔加工时以外圆定位。

装夹方式:用三爪自动定心卡盘夹紧。

b. 外轮廓加工

定位基准:确定零件轴线为定位基准。

装夹方式:加工外轮廓时,为保证一次安装加工出全部外轮廓,需采用圆锥心轴装夹(见图 1-5-31 双点画线部分),三爪卡盘夹持心轴左端,心轴右端留有中心孔并用尾座顶尖顶紧以提高工艺系统的刚性。

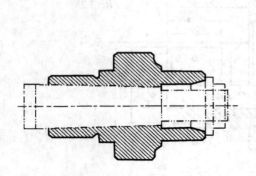

图 1-5-31　外轮廓车削装夹方案

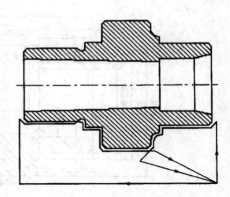

图 1-5-32　外轮廓加工走刀路线

④ 确定加工顺序及进给路线

按由内到外、由粗到精、由近到远的原则,结合本零件的结构特征,可先加工内孔各表面,然后加工外轮廓表面,如图 1-5-32 所示。

⑤ 刀具选择

将所选定的刀具参数填入表 1-5-1 轴承套数控加工刀具卡片中,以便于编程和操作管理。注意:车削外轮廓时,为防止副后刀面与工件表面发生干涉,应选择较大的副偏角,必要时可作图检验。本例中选 $K_r = 55°$。

表 1-5-1 轴承套数控加工刀具卡片

产品名称或代号		×××		零件名称	轴承套	零件图号	×××
序号	刀具号	刀具规格名称		数量	加工表面		备注
1	T01	45°硬质合金端面车刀		1	车端面		
2	T02	ϕ5 mm 中心钻		1	钻 ϕ5 mm 中心孔		
3	T03	ϕ26 mm 钻头		1	钻底孔		
4	T04	镗刀		1	镗内孔各表面		
5	T05	93°右手偏刀		1	从右至左车外表面		
6	T06	93°左手偏刀		1	从左至右车外表面		
7	T07	60°外螺纹车刀		1	车 M45 螺纹		
编制	×××	审核	×××	批准	×××	年 月 日	共 页 第 页

⑥ 切削用量选择

根据被加工表面质量要求、刀具材料和工件材料,参考切削用量手册或有关资料选取切削速度与每转进给量,然后利用公式 $V_c=\pi dn/1\,000$ 和 $V_f=nf$,计算主轴转速与进给速度(计算过程略),计算结果填入表 1-5-2 工序卡中。

背吃刀量的选择因粗、精加工而有所不同。粗加工时,在工艺系统刚性和机床功率允许的情况下,尽可能取较大的背吃刀量,以减少进给次数;精加工时,为保证零件表面粗糙度要求,背吃刀量一般取 0.1~0.4 mm 较为合适。

⑦ 数控加工工艺卡片拟订

将前面分析的各项内容综合成表 1-5-2 所示的数控加工工艺卡片。

表 1-5-2 轴承套数控加工工序卡片

单位名称	×××	产品名称或代号 ×××		零件名称 轴承套	零件图号 ×××		
工序号	程序编号	夹具名称		使用设备	车间		
001	×××	三爪卡盘和自制心轴		CJK6240 数控车床	数控中心		
工步号	工步内容(尺寸单位 mm)	刀具号	刀具、刀柄规格(mm)	主轴转速(r/min)	进给速度(mm/min)	背吃刀量(mm)	备注
1	平端面	T01	25×25	320		1	手动
2	钻 ϕ5 中心孔	T02	ϕ5	950		2.5	手动
3	钻 ϕ32 孔的底孔 ϕ26	T03	ϕ26	200		13	手动
4	粗镗 ϕ32 内孔、15°斜面及 0.5×45°倒角	T04	20×20	320	40	0.8	自动

（续表）

工步号	工步内容（尺寸单位 mm）	刀具号	刀具、刀柄规格（mm）	主轴转速（r/min）	进给速度（mm/min）	背吃刀量（mm）	备注
5	精镗 ϕ32 内孔、15°斜面及 0.5×45°倒角	T04	20×20	400	25	0.2	自动
6	掉头装夹粗镗 1：20 锥孔	T04	20×20	320	40	0.8	自动
7	精镗 1：20 锥孔	T04	20×20	400	20	0.2	自动
8	心轴装夹从右至左粗车外轮廓	T05	25×25	320	40	1	自动
9	从左至右粗车外轮廓	T06	25×25	320	40	1	自动
10	从右至左精车外轮廓	T05	25×25	400	20	0.1	自动
11	从左至右精车外轮廓	T06	25×25	400	20	0.1	自动
12	卸心轴，三爪装夹，粗车 M45 螺纹	T07	25×25	320	1.5 mm/r	0.4	自动
13	精车 M45 螺纹	T07	25×25	320	1.5 mm/r	0.1	自动
编制	×××	审核	×××	批准	×××	年　月　日	共　页　第　页

（3）盘类零件数控车削工艺分析

【例 1-5-3】　如图 1-5-33 所示带孔圆盘工件，材料为 45 钢，分析其数控车削工艺。

① 零件图工艺分析

如图 1-5-33 所示工件，该零件属于典型的盘类零件，材料为 45 钢，可选用圆钢为毛坯，为保证在进行数控加工时工件能可靠的定位，可在数控加工前将左侧端面、ϕ95 mm 外圆加工，同时将 ϕ55 mm 内孔钻 ϕ53 mm 孔。

② 选择设备

根据被加工零件的外形和材料等条件，选定 Vturn - 20 型数控车床。

③ 确定零件的定位基准和装夹方式

a. 定位基准：以已加工出的 ϕ95 mm 外圆及左端面为工艺基准。

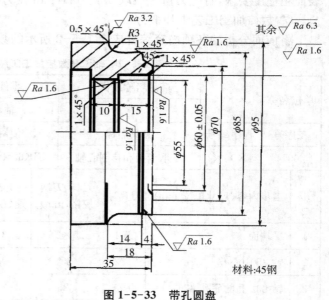

图 1-5-33　带孔圆盘

b. 装夹方法：采用三爪自定心卡盘自定心夹紧。

④ 制定加工方案

根据图样要求、毛坯及前道工序加工情况，确定工艺方案及加工路线。

工步顺序：

a. 粗车外圆及端面

b. 粗车内孔

c. 精车外轮廓及端面

d. 精车内孔

⑤ 刀具选择及刀位号

选择刀具及刀位号如图 1-5-34 所示。

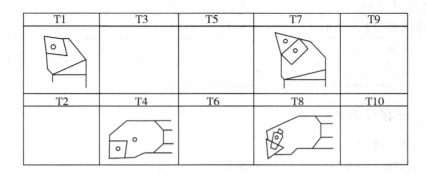

图 1-5-34　刀具及刀位号

将所选定的刀具参数填入表 1-5-3 带孔圆盘数控加工刀具卡片中。

表 1-5-3　带孔圆盘数控加工刀具卡片

产品名称或代号		×××		零件名称	带孔圆盘	零件图号	×××
序号	刀具号	刀具规格名称	数量	加工表面			备注
1	T01	硬质合金外圆车刀	1	粗车端面、外圆			
2	T04	硬质合金内孔车刀	1	粗车内孔			
3	T07	硬质合金外圆车刀	1	精车端面、外轮廓			
4	T08	硬质合金内孔车刀	1	精车内孔			
编制		×××	审核	×××	批准	×××	共　页　　第　页

⑥ 确定切削用量（略）

⑦ 数控加工工艺卡片拟订

以工件右端面为工件原点，换刀点定为 X200、Z200。数控加工工艺卡片见表1-5-4。

表 1-5-4 带孔圆盘的数控加工工序卡片

单位名称	×××	产品名称或代号		零件名称	零件图号
		×××		带孔圆盘	×××
工序号	程序编号	夹具名称		使用设备	车间
001	×××	三爪卡盘			数控中心
工步号	工步内容	刀具号	刀柄规格（mm）	主轴转速（r/min）	进给速度（mm/min）	背吃刀量（mm）	备注
1	粗车端面	T01	20×20	400	80		
2	粗车外圆	T01	20×20	400	80		
3	粗车内孔	T04	φ20	400	60		
4	精车外轮廓及端面	T07	20×20	1100	110		
5	精车内孔	T08	φ32	1000	100		
编制	×××	审核	×××	批准	×××	年　月　日	共　页　第　页

三、子程序编程

1. 子程序的定义

某些被加工的零件中，常常会出现几何形状完全相同的加工轨迹，在编制加工程序时，有一些固定顺序和重复模式的程序段，通常在几个程序中都会使用它。这个典型的加工程序段可以做成固定程序，并单独加以命名，这组程序段就称为子程序。

通常 CNC 按主程序的指示运动，若主程序中遇到调用子程序指令，则 CNC 按子程序指令运动，当在子程序中遇到返回主程序指令时，CNC 返回主程序继续执行，如图 1-5-35 所示。

使用子程序可以减少不必要的重复编程，从而达到简化编程的目的。子程序可以在纸带或存储器方式下调出使用，即

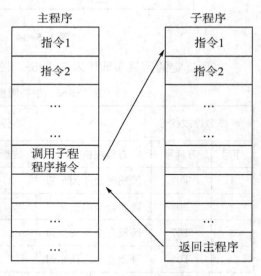

图 1-5-35　主程序和子程序

主程序可以调用子程序，一个子程序也可以调用下一级的子程序。子程序必须在主程序结束指令后建立，其作用相当于一个固定循环。

2. 编程格式

子程序的格式与主程序相同。子程序用符号"O"开头，其后是子程序号。子程序号最多可以有 4 位数字组成，若前几位数字为 0，则可以省略。M99 为子程序结束

指令,用来结束子程序并返回主程序或上一层子程序。

O6003　　　　　　　　程序名

N10 …… ……

…… ……　　　　　　　子程序体

N60 M99　　　　　　　子程序结束

3. 子程序的调用

子程序由程序调用字、子程序号和调用次数组成。在主程序中,调用子程序指令是一个程序段,其格式随具体的数控系统而定,FANUC 数控系统常用的子程序调用格式有以下 2 种。

调用方式一:M98　P××××　L×××× ;

　　　　　式中 M98——子程序调用字;

　　　　　P——子程序号;

　　　　　L——子程序重复调用次数,L 省略时为调用一次。

例:M98 P48 L5 表示调用子程序"O48"共 5 次。

调用方式二:M98　P○○○○ ×××× ;

　　　　　P 后面前四位为重复调用次数,省略时为调用一次;后 4 位为子程序号。

例: M98　P51002 ;

表示号码为 1002 的子程序连续调用 5 次。M98 P __ 也可以与移动指令同时存在于一个程序段中。

为了进一步简化程序,可以让子程序调用另一个子程序,称为子程序的嵌套。上一级子程序与下一级子程序的关系,与主程序与第一层子程序的关系相同。注意:子程序嵌套不是无限次的,子程序可以嵌套多少层由具体的数控系统决定,在 FANUC 0i 系统中,只能有两次嵌套。图 1-5-36 是子程序的嵌套及执行顺序。

但当具有宏程序选择功能时,可以调用 4 重子程序。可以用一条调用子程序指令连续重复调用同一子程序,最多可重复调用 999 次。

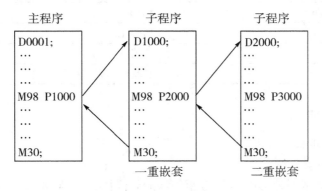

图 1-5-36　程序的执行过程

【例 1-5-4】 加工零件如图 1-5-37 所示,已知:毛坯直径 ϕ30 mm,长度为 70 mm,一号刀为外圆车刀,三号刀为切断刀,其宽度为 3 mm。

以 ϕ30 圆柱端面与轴线的交点为程序原点建立工件坐标系。参考程序见表 1-5-5 和表 1-5-6。

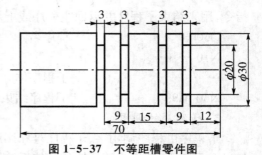

图 1-5-37 不等距槽零件图

表 1-5-5 参考程序

O1605	程序号
N10 T0303	选用 3 号刀具,调用 3 号刀具补偿值
N20 G00 X80 Z100	快速定位至换刀点
N30 M03 S600	启动主轴
N40 G00 X32 Z3	快速定位至起刀点
N50 M98 P8888 L2	调用子程序 2 次
N60 G00 X80	退刀
N70 Z100	返回换刀点
N80 M05	主轴停止
N90 M30	程序结束

表 1-5-6 参考子程序

O8888	程序号
N10 G00 W-18	Z 向快速定位
N20 G01 U-12 F60	切槽
N30 G04 X1	暂停 1s
N40 G00 U12	退刀
N50 G00 W-9	Z 向快速定位
N60 G01 U-12 F60	切槽
N70 G04 X1	暂停 1s
N80 G00 U12	退刀
N90 M99	子程序结束,返回主程序

四、车削加工

1. 制定零件加工工艺

(1) 技术要求分析

零件包括复杂的外形面、3 个等距等深的外沟槽、内外圆锥面和切断等加工。其中外圆 ϕ20 mm 和球面 SR10 mm 尺寸有严格尺寸精度和表面粗糙度等要求。零件材料为 45 号钢,无热处理和硬度要求。

（2）确定装夹方案、定位基准、加工起点、换刀点

用三爪自定心卡盘夹紧定位，加工完工件右端后，需调头装夹。加工起点和换刀点可以设为同一点，放在 Z 向距工件前端面 100 mm、X 向距轴心线 50 mm 的位置。

（3）制定加工方案

选用加工刀具、切削用量，并制定加工方案。详见表 1-5-7 和表 1-5-8。

表 1-5-7　数控加工刀具卡片

产品名称或代号		×××	零件名称		带孔圆盘	零件图号	×××
序号	刀具号	刀具规格名称	数量		加工表面	备注	
1	T0101	93°粗精右偏外圆刀	1		外表面、端面	刀尖半径：0.5 mm	
2	T0202	粗精镗刀	1		镗孔及内锥面	刀尖半径：0.4 mm	
3	T0404	切断刀（刀位点为左刀尖）	1		切槽、切断	$B=3$ mm	
4		$\phi14$ mm 麻花钻	1		钻孔		
编制	×××	审核	×××	批准	×××	共　页	第　页

表 1-5-8　数控加工工序卡片

单位名称		×××	产品名称或代号		零件名称		零件图号	
			×××				×××	
工序号		程序编号	夹具名称		使用设备		车间	
001		×××	三爪卡盘				数控中心	
工步号		工步内容		刀具号	主轴转速（r/min）	进给速度（mm/min）	背吃刀量（mm）	
1		夹住棒料一头，夹持长度 20 mm（手动操作）						
2		车端面		T0101	600	100		
3		自右向左粗车外表面（长度：距右端起 55 mm）		T0101	600	100	2	
4		自右向左精加工外表面		T0101	1 200	50	0.5	
5		切外沟槽		T0404	300	30	2	
6		检测、校核						
7		工件调头装夹，车端面，麻花钻孔 $\phi14$ mm×27 mm（手动操作）						
8		车端面，控制零件总长		T0101	600	100		
9		车外圆至 $\phi28$ mm		T0101	600	80	1	
10		粗车内表面		T0202	600	80	1	
11		精车内表面		T0202	800	50	0.5	
12		检测、校核						
编制	×××	审核	×××	批准	×××	年　月　日	共　页	第　页

2. 编写加工程序

由于须通过调头装夹车削,分别加工工件的右端和左端。因此,编制2套主程序。

(1)工件右端加工程序O9001。工件的右端外表面通过外径车削复合循环G71指令进行切削粗加工,G70指令进行精加工,3个外沟槽加工用编制子程序完成,大大简化程序量。

以工件前端面与轴线的交点为程序原点建立工件坐标系,参考程序如表1-5-9和1-5-10所示。

表1-5-9 加工右端参考程序

O1606	程序号
N10 T0101	选择1号外圆刀,建立工件坐标系
N10 G00 X100 Z100 M03 S600	快速定位,主轴正转
N30 G00 X32 Z2	快速定位至φ32 mm,距端面正向2 mm处
N40 G01 Z0 F100	刀具与端面对齐
N50 X-1	加工端面
N60 G00 X32 Z2	定位至φ32 mm处,距端面正向2 mm处
N70 G71 U1 R0.5	采用复合循环粗加工半圆球、外圆、外圆锥面
N80 G71 P90 Q140 U0.5 W0 F100	等,X正方向留精加工余量0.5 mm
N90 G01 X0 F50	
N100 Z0	
N110 G03 X20 W-10 R10	
N120 G01 Z-42	
N130 X25 Z-50	
N140 Z-55	
N150 M00 M05	主轴停,程序加工暂停,检测工件
N160 M03 S1200	换转速,正转
N170 G70 P90 Q140	精加工半圆球、外圆、外圆锥面等
N180 G00 X100 Z100 M05	返回程序起点即换刀点,停主轴
N190 M03 S300 T0404	换切槽刀,降低转速
N200 G00 X22 Z-10.7 M08	快速定位,准备切槽,开冷却液
N210 M98 P0091 L3	调用子程序3次,加工3处等距外沟槽
N220 G00 X100 Z100 T0400 M05	返回刀具起始点,停主轴
N230 T0100 M09	1号基准刀返回,取消刀补,关冷却液
N240 M30	程序结束

表 1-5-10   加工右端参考子程序

O0091	程序号
N10 G00 W−8.6	刀具沿 Z 轴负方向平移 8.6 mm
N20 G01 U−10 F20	沿径向切槽至槽底(ϕ12 mm 处)
N30 G04 X0.5	槽底暂停
G00 U10 F500	快速退至 ϕ22 mm 处
N50 W1.3	沿 Z 轴正方向平移 1.3 mm
N60 G01 U−2	沿径向移动至 ϕ20 mm 处
N70 U−8 W−1.3	刀具切沟槽右侧面至槽底
N80 G00 U10	快速退至 ϕ22 mm 处
N90 W−1.3	沿 Z 轴负方向平移 1.3 mm
N100 G01 U−2	沿径向移动至 ϕ20 mm 处
N110 U−8 W1.3	刀具切沟槽左侧面至槽底
N120 G00 U10	快速退至 ϕ22 mm 处
N130 M99	子程序结束

(2) 加工左端程序 O9002：工件调头装夹后，工件左端外表面通过单一切削循环 G90 指令进行切削加工，采用 G71、G70 指令进行内孔粗精加工循环。以左端面与轴线交点为程序原点建立工件坐标系。工件加工程序起始点和换刀点都设在(X100，Z100)位置点。参考程序如表 1-5-11 所示。

表 1-5-11   加工左端参考程序

O1607	程序号
N10 T0101	选择 1 号外圆刀，建立工件坐标系
N20 G00 X100 Z100 M03 S600	快速定位，主轴正转
N30 G00 X32 Z2 M08	快速定位距端面 2 mm 处
N40 G01 Z0 F100	刀具对齐端面
N50 X12	车削端面
N60 G00 X32 Z2	快速定位至 ϕ32 mm，距端面正向 2 mm 处
N70 G90 X29 Z−26 F80	加工外圆 ϕ28 mm×25 mm
N80 X28	
N90 G00 X100 Z100 M05	返回换刀点，停主轴
N100 M00	程序暂停
N110 M03 S600 T0202	换镗刀，主轴正转

O1607	程序号
N120 G00 X13 Z2	刀具快速定位至距端面 2 mm、直径为 13 mm 处
N130 G71 U0.75 R0.5	采用复合循环粗加工内孔各处，X 负方向留精加工余量 0.5 mm
N140 G71 P140 Q190 U−0.5 F80	
N150 G01 X25 F50	
N160 Z0	
N170 X23 Z−1	
N180 X16 Z−18.5	
N190 Z−24.5	
N200 M00	停主轴、程序暂停
N210 M03 S1200	变主轴转速
N220 G70 P140 Q190	精加工内孔各处
N230 G00 X100 Z100 T0200 M09	返回程序起点，停主轴
N240 T0100 M30	程序结束

3. 车削加工

（1）操作流程

输入程序→数控编程模拟软件对加工刀具轨迹仿真，或数控系统图形仿真加工，进行程序校验及修整→安装刀具，对刀操作，建立工件坐标系，启动程序→自动加工→停车后，按图纸要求检测工件，对工件进行误差与质量分析。

（2）加工注意事项

① 车床空载运行时，注意检查车床各部分运行状况。

② 进行对刀操作时，要注意切槽刀刀位点的选取。上述参考程序采用切槽刀左刀尖作为编程刀位点。

③ 工件装夹时，夹持部分不能太短，要注意伸出长度，确保能加工 ϕ 25 mm 外圆。调头装夹时，不要夹伤已加工表面。

④ 钻 ϕ 14 mm 的孔可以在普通车床上进行。

⑤ 工件调头车削时，要重新确定加工起始点和换刀点（X100，Z100）。

⑥ 由于工件较小，切槽和镗孔时，切削用量的选取要考虑车床、刀具的刚性，避免加工时引起振动或工件产生振纹，不能达到工件表面质量要求。

⑦ 工件加工过程中，要注意中间检验工件质量，如果加工质量出现异常，应停止加工，以便采取相应措施。

【巩固提高】

完成如图 1-5-38 所示零件的加工。按单件生产安排其数控车削工艺,编写出加工程序。毛坯为 ϕ50 mm×70 mm 棒料,材料为 45 钢。

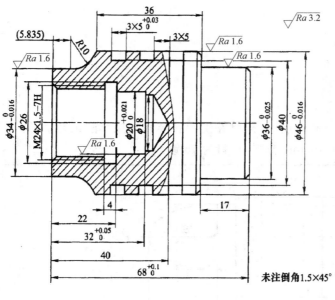

图 1-5-38　套筒

项目六　数控车削椭圆轴

【工作任务】

零件如图 1-6-1 所示,按单件生产安排其数控车削工艺,编写出加工程序。毛坯为 $\phi52\,mm\times102\,mm$ 棒料,材料为 45 钢。

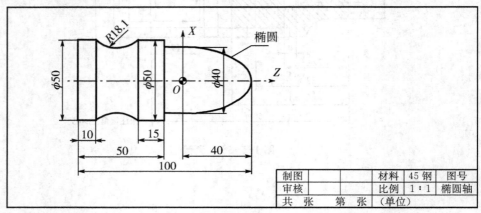

图 1-6-1　椭圆轴

【学习目标】

1. 了解宏程序的应用,掌握宏指令编程技巧。

2. 通过对含有规则公式曲线的零件进行数控车编程与加工,掌握数控车床加工该类零件的主要步骤和方法,扩展数控车床的应用范围。

3. 能对加工质量进行分析处理。

一、规则公式曲线的加工方法

机械零件中常有规则公式曲线所构成的轮廓,但大多数数控机床只具有直线插补和圆弧插补功能,不能直接加工出规则公式曲线。目前在加工规则公式曲线时,采用的方法是用直线或圆弧来拟合出曲线廓形,其近似程度取决于拟合误差的大小。

如图 1-6-2 所示，OE 是一段椭圆，在 OE 之间插入节点 A、B、C、D，相邻两点之间在 Z 方向的距离相等，均为 a。节点数目的多少或 a 的大小，决定了椭圆加工的精度和程序的长度。

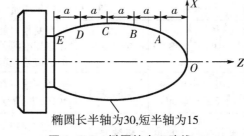

采用直线段 OA,AB,BC,CD,DE 去逼近椭圆，关键是求出节点 O,A,B,C,D，E 的坐标。节点的计算一般比较复杂，必须借助宏程序的转移和循环指令处理。求得各节点后，就可按相邻两节点间的直线来编写加工程序。

椭圆长半轴为30，短半轴为15

图 1-6-2 椭圆的走刀路线

一般来说用直线来拟合，计算简单，精度较低，可以通过手工编程（宏程序）来实现；而用圆弧来拟合，计算复杂，精度较高，通常用自动编程来实现。

二、B 类宏程序编程

1. 用户宏程序的概念

用户宏程序的主体是一系列指令，相当于子程序体。使用时，通常将能完成某一功能的一系列指令像子程序一样存入存储器，然后用一个总指令代表它们，使用时只需给出这个总指令就能执行其功能。

用户宏程序的最大特点是可以对变量进行运算，使程序应用更加灵活、方便。

FANUC 0i 系统提供两种用户宏程序，即用户宏程序功能 A 和用户宏程序功能 B。

2. B 类宏程序基础

（1）宏程序的编程格式

B 类宏程序的编写格式与子程序相同，如图 1-6-3 所示。

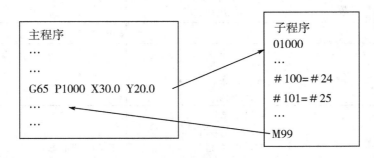

图 1-6-3 宏程序的编程格式

（2）变量

一个变量由符号"♯"和变量号组成，例如♯1、♯2。表达式可以用于指定变量号，此时表达式应包含在方括号内，如♯[♯1＋♯2－20]等。

变量根据变量号可以分成 4 种类型，如表 1-6-1 所示。

表 1-6-1　变量类型

变量号	变量类型	功　能
♯0	空变量	该变量通常为空,该变量不能赋值。
♯1～♯33	局部变量	局部变量只能在宏程序内部使用,用于保存数据,如运算结果等。当电源关闭时,局部变量被清空;当宏程序被调用时,参数被赋值给局部变量。
♯100～♯199 ♯500～♯999	全局变量	全局变量可在不同宏程序之间共享。当电源关闭时,♯100～♯149 被清空,而♯500～♯531 的值仍保留。
♯1000～♯9999	系统变量	用于读、写 CNC 运行时各种的数据,如刀具的当前位置和补偿值等。

注:全局变量♯150～♯199,♯532～♯999 是选用变量,应根据实际系统使用。

① 变量的引用。在程序中引用(使用)宏变量时,其格式为:在指令字地址后面跟宏变量号。当用表达式表示变量时,表达式应包含在一对方括号内。

例如:G00 X♯1 Z♯2。

　　　G01 X[♯3+♯4] F♯5

② 变量的使用限制。程序号、顺序号和程序段跳段编号不能使用变量。如不能用于以下用途:

0♯1;

/♯2 G00 X100.0;

N♯3 Y200.0;

(3) 算术和逻辑运算

变量的算术和逻辑运算见下表 1-6-2。

表 1-6-2　变量的算术和逻辑运算

函　数	格　式	备　注
赋值	♯i=♯j	
加法 减法 乘法 除法	♯i=♯j+♯k ♯i=♯j-♯k ♯i=♯j*♯k ♯i=♯j/♯k	
正弦 反正弦 余弦 反余弦 正切 反正切	♯i=SIN[♯j] ♯i=ASIN[♯j] ♯i=COS[♯j] ♯i=ACOS[♯j] ♯i=TAN[♯j] ♯i=ATAN[♯j]/[♯k]	角度以度指定。 如:30°30′表示为 30.5°。
平方根 绝对值 四舍五入 向下取整 向上取整	♯i=SQRT[♯j] ♯i=ABS[♯J] ♯I=ROUND[♯J] ♯I=FIX[♯J] ♯I=FUP[♯J]	

（续表）

函　　数	格　　式	备　　注
或 OR 异或 XOR 与 AND	♯I＝♯J OR ♯K ♯I＝♯J XOR ♯K ♯I＝♯J	逻辑运算用二进制数按位操作
十——二进制转换 二——十进制转换	♯I＝BIN[♯J] ♯I＝BCD[♯J]	用于转换发送到 PMC 的信号或 从 PMC 接收的信号

（4）控制指令

在程序中可用 GOTO 语句和 IF 语句改变控制执行顺序。

① 无条件转移语句（GOTO 语句）。语句转移到顺序号 n 所在程序段。

编程格式：GOTO n；

n——转移到的程序段顺序号（1～9 999）。

例：GOTO 400；

当执行到该语句时，将无条件转移到 N400 程序段执行。

② 条件转移（IF 语句）。在 IF 后指定一条件，当条件满足时，转移到顺序号为 n 的程序段，不满足则执行下一程序段。

编程格式：IF[条件表达式]GOTO n；

说明：

条件表达式由两变量或一变量一常数中间加比较运算符组成，条件表达式必须包含在一对方括号内。条件表达式可直接用变量代替。

比较运算符由两个字母组成，用于两个值的比较。表 1-6-3 为常用的比较运算符。

表 1-6-3　比较运算符

序号	1	2	3	4	5	6
运算符	EQ	NE	GT	GE	LT	LE
含义	等于（＝）	不等于（≠）	大于（＞）	大于等于（≥）	小于（＜）	小于等于（≤）

例如：N50 IF[♯5 GT 0]GOTO 80；

　　　N60　　　　　……

　　　N70　　　　　……

　　　N80 G00 X50；　……

程序执行到 N50 时，如果条件[♯5 GT 0]满足，则转移执行 N80 程序段；否则顺序执行 N60 程序段。

（5）循环（WHILE 语句）

在 WHILE 后指定一条件，当条件满足时，执行 DO 到 END 之间的程序（然后返回到 WHILE，重新判断条件），不满足则执行 END 后的下一程序段。

编程格式：WHILE[条件表达式]　DO m；（m＝1，2，3）

    …

    …

END m；

例如：N50 WHILE［♯5 LT 20］DO 1；

    N60   …

    N70   …

    N80 END 1；

    N90   …

程序执行到 N50 时，如果条件［♯5 LT 20］满足，则执行 N50～N80 之间的程序；否则转移执行 N90 程序段。

3. B 类宏程序调用方法

(1) 非模态调用 G65

当指定 G65 时，以地址 P 指定的用户宏程序被调用，数据能传递到用户宏程序中。

编程格式：G65 P(程序号) L(重复次数) ＜实参描述＞；

说明：

① 调用。调用时在 G65 之后用地址 P 指定需调用的用户宏程序号；当重复调用时，在地址 L 后指定调用次数(1～99)。L 省略时指定调用次数是 1。

② 实参描述。通过实参描述，数值被指定给对应的局部变量。常用的地址与变量对应关系见表 1-6-4。

表 1-6-4　地址与变量对应关系

地址	变量号	地址	变量号	地址	变量号
A	♯1	I	♯4	T	♯20
B	♯2	J	♯5	U	♯21
C	♯3	K	♯6	V	♯22
D	♯7	M	♯13	W	♯23
E	♯8	Q	♯17	X	♯24
F	♯9	R	♯18	Y	♯25
H	♯11	S	♯19	Z	♯26

注：地址 G、L、N、O、P 不能用于实参。

例如：G65 P1000 X30.0 Y20.0，其含义为调用子程序 O1000，并给子程序中变量赋值，即♯24＝30，♯25＝20。

(2) 模态调用 G66

一旦指令了 G66，就指定了一种模态宏调用，即在指定轴移动的程序段后，调用(G66 指定的)宏程序。这将持续到指令 G67 为止，才取消模态宏调用。

编程格式：G66 P(程序号) L(重复次数) ＜实参描述＞；

三、车削加工

1. 工艺分析

根据图样,该零件主要由椭圆面、圆柱面、圆弧面、台阶等组成。由于椭圆是非圆曲线,采用宏程序编制。

（1）工艺过程

① 加工左端。车端面,总长控制为 101 mm→粗车外轮廓,留精加工余量 0.6 mm→ 精车外轮廓,达到图纸要求。

② 掉头,加工右端。平端面,总长达到图纸要求→粗车 $\phi40$ mm 圆柱面,留精加工余量 0.6 mm→粗车椭圆,留精加工余量 0.6 mm→精车工件外轮廓（包括椭圆的精加工）,达到图纸要求。

（2）刀具与工艺参数

① 加工左端。加工左端的刀具与工艺参数见表 1-6-5、1-6-6。

表 1-6-5　左端加工刀具卡

单位			零件名称		零件图号	
序号	刀具号	刀具名称及规格	刀尖半径	数量	加工表面	备注
1	T0101	93°粗、精车右偏外圆刀	0.8 mm	1	外轮廓、端面	55°菱形刀片

表 1-6-6　左端加工工序卡

材料	45#	零件图号			系统	FANUC	工序号	
操作序号	工步内容(走刀路线)		G 功能	T 刀具	切削用量			
					转速 S(r/min)	进给速度 F(mm/r)	背吃刀量 (mm)	
程序	夹住棒料一头,留出长度大约 65 mm(手动操作),车端面(保证总长 101 mm),对刀,调用程序							
(1)	粗车外轮廓		G71	T0101	300	0.2	0.7	
(2)	精车外轮廓		G70	T0101	650	0.1	0.3	
(3)	检测、校核							

② 加工右端。加工右端的刀具与工艺参数见表 1-6-7、1-6-8。

表 1-6-7　右端加工刀具卡

单位			零件名称		零件图号	
序号	刀具号	刀具名称及规格	刀尖半径	数量	加工表面	备注
1	T0101	95°粗车右偏外圆刀	0.8 mm	1	外轮廓、端面	80°菱形刀片
2	T0202	95°精车右偏外圆刀	0.4 mm	1	外轮廓	80°菱形刀片

表 1-6-8 右端加工工序卡

材料	45#	零件图号			系统	FANUC	工序号	
操作序号	工步内容(走刀路线)	G 功能	T 刀具	切削用量				
				转速 S(r/min)	进给速度 F(mm/r)		背吃刀量 (mm)	
程序	夹住棒料一头,留出长度大约 60 mm(手动操作),车端面保证总长,对刀,调用程序							
(1)	粗车 φ40 圆柱面	G90	T0101	300	0.2		1.5	
(2)	粗车椭圆	宏程序	T0101	300	0.2			
(3)	精车工件外轮廓	宏程序	T0202	800	0.1		0.3	
(4)	检测、校核							

(3) 装夹方案

① 加工左端。毛坯为棒料,用三爪自定心卡盘夹紧定位。

② 加工右端。用三爪自定心卡盘夹 φ50 mm 圆柱面(包铜皮或用软爪,避免夹伤),注意找正。

2. 程序编制

(1) 加工左端。以 φ50 mm 圆柱端面与轴线的交点为程序原点建立工件坐标系。请读者独立编写加工程序。

(2) 加工右端。选择椭圆中心作为编程原点,工件坐标系如图 1-6-1 所示。参考程序见表1-6-9和1-6-10。

表 1-6-9 加工右端参考程序

O1012	程序号
N10 T0101	选择 1 号刀,建立刀补
N20 G99 M03 S600	启动主轴
N30 G00 X52 Z50	设置安全定位点
N40 G00 Z2	刀具接近毛坯
N50 G90 X49 Z-50 F200	G90 循环
N60 X46	外圆粗车简单循环
N70 X43	
N80 X40.5	
N90 G00 X41 Z2	开始定位插补椭圆

（续表）

O1012	程序号
N100 ♯150＝36	设置最大切削余量 36 mm
N110 WHILE［♯150 LT［1］］GOTO 150	毛坯余量小于 1，则跳转到 N150
N120 M98 P6666	调用椭圆子程序
N130 ♯150＝♯150－2	每次背吃刀量双倍 2 mm
N140 GOTO 100	跳转到 N110
N150 G00 X55 Z2	退刀
M160 S800	
N170 ♯150＝0	设置毛坯余量 0
N180 M98 P6666	调用椭圆子程序
N190 G00 X55 Z100	退刀
N200 M30	程序停止

表 1-6-10　加工右端参考子程序

O6666	程序号
N300 ♯101＝40	长半轴
N310 ♯102＝20	短半轴
N320 103＝40	Z 轴起始尺寸
N330 IF［♯103 LT 0］GOTO 390	判断是否走到 Z 轴终点，是则跳到 N390
N340 ♯104＝SQR［♯101 * ♯101－♯103 * ♯103］	
N350 ♯105＝20 * ♯104/40	X 轴变量
N360 G1 * ［2 * ♯105＋♯105］2［♯103－40］	椭圆插补
N370 ♯103＝♯103－0.5	Z 轴步距，每次 0.5 mm
N380 GOTO 330	跳转到 N240
N390 G00 U2 Z2	退刀
N400 M99	子程序结束

3. 车削加工

输入程序→数控系统图形模拟（数控仿真系统对加工刀具轨迹进行仿真），进行程序校验及修整→安装刀具，对刀→启动程序，自动加工→停车后，按图纸要求检测工件，对工件进行误差与质量分析。

【巩固提高】

椭圆手柄如图 1-6-4 所示，按单件生产安排其数控车削工艺，编写出加工程序。毛坯为 $\phi52$ mm×100 mm 棒料，材料为 45 钢。

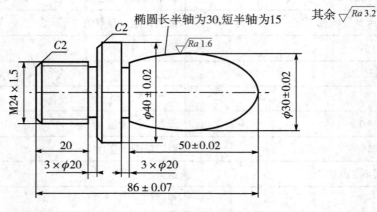

图 1-6-4　椭圆手柄

工作模块二 数控铣削编程与加工

项目一　数控铣削 U 形槽板

【工作任务】

U 形槽板零件图如图 2-1-1 所示。毛坯尺寸为 100 mm×100 mm×31 mm，材料为 45 钢。要求确定零件加工方案，编写零件的数控加工程序，完成零件的数控铣削加工。

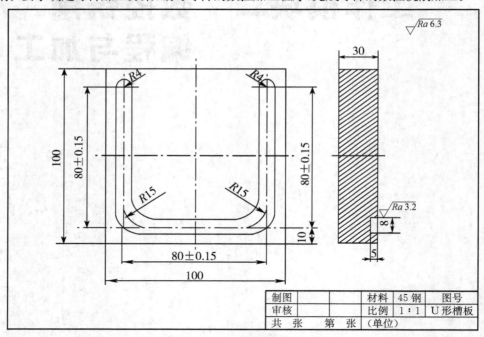

图 2-1-1　U 形槽板

【学习目标】

　　1. 熟悉数控铣床的类型与特点，能正确确定数控铣床的坐标系统。
　　2. 能选择合适的刀具，选用恰当的加工方法，编写并调试平面铣削数控加工程序。
　　3. 能选择合适的刀具，选用恰当的加工方法，编写并调试槽类零件的数控加工程序。
　　4. 能使用数控仿真软件，完成零件的模拟加工。

一、认识数控铣床

1. 数控铣床的分类

按数控系统的功能,数控铣床可分为经济型数控铣床、全功能数控铣床和高速铣削数控铣床等。经济型数控铣床一般采用经济型数控系统,采用开环控制,可以实现三坐标联动。全功能数控铣床多采用半闭环控制或闭环控制,数控系统功能丰富,一般可以实现四坐标以上联动,加工适应性强,应用最广泛。高速铣削数控铣床是数控机床的一个发展方向,技术已经比较成熟,已逐渐得到广泛的应用。

按机床主轴的布置形式及机床的布局特点,数控铣床可分为立式数控铣床、卧式数控铣床、龙门数控铣床和立卧两用数控铣床等。

（1）立式数控铣床

立式数控铣床的主轴轴线垂直于水平面,是数控铣床中最常见的一种布局方式,应用范围也最广,如图 2-1-2 所示。立式结构的数控铣床一般适应用于加工盘、套、板类零件,一次装夹后,可对上表面进行铣、钻、扩、镗、锪、攻螺纹等工序以及侧面的轮廓加工。

图 2-1-2　立式数控铣床

图 2-1-3　卧式数控铣床

（2）卧式数控铣床

卧式数控铣床的主轴轴线平行于水平面,主要用于加工箱体类零件,如图 2-1-3 所示。为了扩大加工范围和扩充功能,通常采用增加数控转盘或万能数控转盘来实现 4~5 轴加工。一次装夹后可完成除安装面和顶面以外的其余四个面的各种工序加工,尤其是万能数控转盘可以把工件上各种不同角度的加工面摆成水平面来加工,可以省去许多专用夹具或专用角度成形铣刀。

（3）龙门数控铣床

龙门数控铣床如图 2-1-4 所示。对于大尺寸的数控铣床,一般采用对称的双立柱结构,保证机床的整体刚性和强度,即数控龙门铣床。数控龙门铣床有工作台移动和龙门架移动两种形式,它适用于加工飞机整体结构件零件、大型箱体零件和大型模具等。

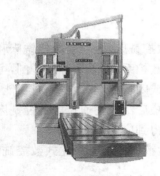

图 2-1-4　龙门数控铣床

图 2-1-5　立卧两用数控铣床

(4)立卧两用数控铣床

立卧两用数控铣床如图 2-1-5 所示,也称万能式数控铣床。它的主轴可以旋转 90°或工作台带着工件旋转 90°,一次装夹后可以完成对工件五个表面的加工,即除了工件与转盘贴面的定位面外,其他表面都可以在一次安装中进行加工。其使用范围更广、功能更全,选择加工对象的余地更大,给加工带来了很多方便,特别是当生产批量小、品种较多,又需要立、卧两种方式加工时,用户只需要一台这样的机床就行了。

2. 数控铣削的加工对象

与普通铣床相比,数控铣床具有加工精度高、加工零件的形状复杂、加工范围广等特点。它除了能铣削普通铣床能铣削的各种零件表面外,还能铣削需二至五坐标联动的各种平面轮廓和立体轮廓。就加工内容而言,数控铣床的加工内容与镗铣类加工中心的加工内容有许多相似之处,但从实际应用的效果来看,数控铣削加工更多地用于复杂曲面的加工,而镗铣类加工中心更多地用于多工序零件的加工。数控铣床主要用于加工以下几类零件。

(1)平面类零件

这类零件的加工面平行或垂直于水平面,或加工面与水平面的夹角为定角。其特点是各个加工面是平面,或可以展开成平面,目前在数控铣床上加工的大多数零件都是平面轮廓类零件。例如,图 2-1-6 中的曲线轮廓面 M 和正圆台面 N,展开后均为平面,P 为斜平面。

(a)带平面轮廓的平面类零件　(b)带正圆台和斜筋的平面类零件　(c)带斜平面的平面类零件

图 2-1-6　平面轮廓类零件

　　平面类零件是数控铣削加工中最简单的一类零件,一般只需用三坐标数控铣床的两坐标联动(即两轴半坐标联动)就可以把它们加工出来。

　　(2) 变斜角类零件

　　加工面与水平面的夹角呈连续变化的零件称为变斜角类零件,见图 2-1-7。这类零件的特点是加工面不能展开为平面,而且在加工中,加工面与铣刀接触的瞬间为一条直线。此类零件一般采用四坐标或五坐标数控铣床摆角加工,也可采用三坐标铣床,通过两轴半联动用鼓形铣刀分层近似加工,但精度稍差。

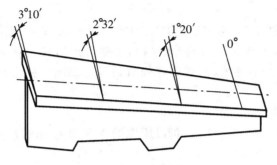

图 2-1-7　变斜角类零件

　　(3) 曲面类零件

　　一般指具有三维空间曲面的零件,曲面通常由数学模型设计给出,因此往往要借用于计算机来编程,其加工面不能展开成平面。加工时,铣刀与加工面始终为点接触,一般用球头铣刀采用两轴半或三轴联动的三坐标数控铣床加工。当曲面较复杂、通道较狭窄、会伤及毗邻表面及需刀具摆动时,要采用四坐标或五坐标数控铣床加工,如模具类零件、叶片类零件、螺旋桨类零件等,如图 2-1-8 所示。

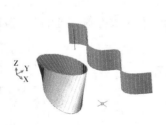

图 2-1-8　空间曲面轮廓零件

　　3. 数控铣床的坐标系统

　　数控机床的坐标系统采用右手笛卡尔直角坐标系,如图 2-1-9 所示。基本坐标轴为 X、Y、Z,相对于每个坐标轴的旋转运动坐标轴为 A、B、C。大拇指方向为 X 轴的正方向;食指为 Y 轴的正方向;中指为 Z 轴的正方向。在确定机床坐标

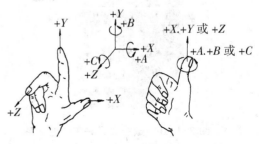

图 2-1-9　右手笛卡尔直角坐标系

系时,我们始终认为工件静止,刀具运动,增大刀具与工件距离的方向即为各坐标轴的正方向。

（1）Z 轴的确定

Z 坐标的运动方向是由传递切削动力的主轴所决定的,即平行于主轴轴线的坐标轴即为 Z 坐标,Z 坐标的正向为刀具离开工件的方向。

（2）X 轴的确定

X 坐标平行于工件的装夹平面,一般在水平面内。确定 X 轴的方向时,要考虑两种情况:

如果工件做旋转运动,则刀具离开工件的方向为 X 坐标的正方向;如果刀具做旋转运动,则分为两种情况:Z 坐标水平时,观察者沿刀具主轴向工件看时,$+X$ 运动方向指向右方;Z 坐标垂直时,观察者面对刀具主轴向立柱看时,$+X$ 运动方向指向右方。

（3）Y 轴的确定

在确定 X、Z 坐标的正方向后,可以用根据 X 和 Z 坐标的方向,按照右手直角坐标系来确定 Y 坐标的方向。

（4）A、B、C 轴的确定

旋转坐标轴 A、B 和 C 的正方向相应地在 XYZ 坐标轴正方向上,按右手螺纹前进的方向来确定。

（5）附加坐标系

对于直线运动,通常建立的附加坐标系有:指定平行于 X、Y、Z 的坐标轴可以采用的附加坐标系,第二组 U、V、W 坐标,第三组 P、Q、R 坐标;指定不平行于 X、Y、Z 的坐标轴也可以采用的附加坐标系,第二组 U、V、W 坐标,第三组 P、Q、R 坐标。

（6）数控铣床的坐标系统

立式数控铣床坐标系统如图 2-1-10 所示,卧式数控铣床坐标系统如图 2-1-11 所示。

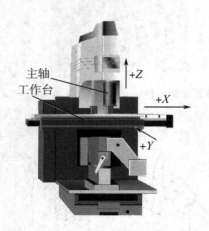

图 2-1-10　数控立式铣床的坐标系

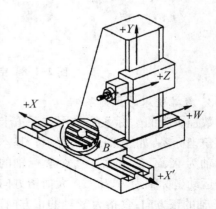

图 2-1-11　数控卧式铣床的坐标系

二、铣削平面

1. 平面铣削刀具

在数控铣床上铣削平面时，使用量较多为可转位面铣刀，铣削小面积平面时也可使用立铣刀。面铣刀圆周上的切削刃为主切削刃。与高速钢面铣刀相比，可转位式面铣刀能承受高的铣削速度，有高的加工效率和好的加工质量。目前先进的可转位式数控面铣刀(如图 2-1-12 所示)的刀体趋向于用轻质高强度铝、镁合金制造，切削刃采用大前角、负刃倾角。可转位刀片(多种几何形状)带有三维断屑槽形，便于排屑。可转位式面铣刀的直径已经标准化，采用公比 1.25 的标准直径系列：16、20、25、32、40、50、63、80、100、125、160、200、250、400、500、630(mm)。

图 2-1-12　可转位式面铣刀

（1）选择面铣刀直径

对于单次平面铣削，面铣刀直径为材料宽度的 1.3～1.6 倍为宜。1.3～1.6 倍的比例可以保证切屑较好地形成和排出。对于面积太大的平面，由于受到多种因素的限制，如考虑到机床功率等级、刀具和可转位刀片几何尺寸、安装刚度、每次切削的深度和宽度以及其他加工因素，面铣刀具直径不可能比平面宽度更大时，宜多次铣削平面。

铣削时，应尽量避免面铣刀具的全部刀齿参与铣削，即应该避免对宽度等于或稍微大于刀具直径的工件进行平面铣削。面铣刀整个宽度全部参与铣削(全齿铣削)会迅速磨损镶刀片的切削刃，并容易使切屑黏结在刀齿上。此外工件表面质量也会受到影响。

（2）选择齿数

可转位面铣刀有粗齿、细齿和密齿三种。粗齿铣刀容屑空间较大，常用于粗铣钢件，粗铣带断续表面的铸件和在平稳条件下铣削钢件时，可选用细齿铣刀。密齿铣刀的每齿进给量较小，主要用于加工薄壁铸件。

（3）选择面铣刀几何角度

面铣刀几何角度。前角的选择原则与车刀基本相同，只是由于铣削时有冲击，故前角数值一般比车刀略小，尤其是硬质合金面铣刀，前角数值减小得更多些。铣削强度和硬度都高的材料可选用负前角。

2. 平面铣削方法

（1）走刀路线

当铣刀不能一次切除所有材料，需要在同一深度多次走刀以完成平面铣削。常见的方法有单向多次切削和双向多次切削（如图 2-1-13 所示）。

单向多次切削时，切削起点在工件的同一侧，另一侧为终点的位置，每完成一次切削后，刀具从工件上方回到切削起点的一侧，如图 2-1-13(a)、(b)所示。这是平面铣削中常见的方法，频繁的快速返回运动导致效率很低，但平面加工质量较好。

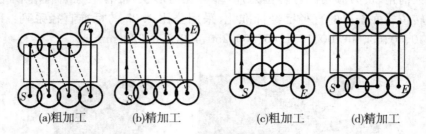

(a)粗加工　　　(b)精加工　　　(c)粗加工　　　(d)精加工

图 2-1-13　平面铣削的多次刀路

双向多次切削也称为 Z 形切削，如图 2-1-13(c)、(d)所示，它的应用也很频繁。它的效率比单向多次切削要高，但铣削中顺铣、逆铣交替，从而在精铣平面时影响加工质量，因此平面质量要求高的平面精铣通常并不使用这种刀路。

不论采用哪种切削方法，起点(S)和终点(E)与工件都有安全间隙，确保刀具安全和加工质量。

（2）切入角

铣削中刀具相对于工件的位置可用面铣刀进入材料时的铣刀切入角来讨论。面铣刀的切入角由刀心位置相对于工件边缘的位置决定。如图 2-1-14(a)所示刀心位置在工件内(但不跟工件中心重合)，切入角为负；如图(b)所示刀具中心在工件外，切入角为正；刀心位置与工件边缘重合时，切入角为零。

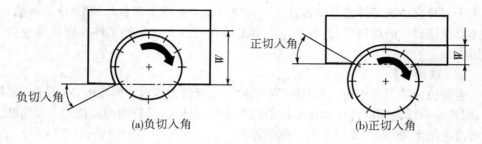

(a)负切入角　　　　　　　　　　　(b)正切入角

图 2-1-14　切削切入角（W 为切削宽度）

① 如果工件只需一次切削，应该避免刀心轨迹与工件中心线重合。刀具中心处于工件中间位置时将容易引起颤振，从而加工质量较差，因此，刀具轨迹应偏离工件中心线。

② 当刀心轨迹与工件边缘线重合时，切削镶刀片进入工件材料时的冲击力最

大,是最不利于刀具加工的情况。因此应该避免刀具中心线与工件边缘线重合。

③ 如果切入角为正,刚刚切入工件时,刀片相对于工件材料的冲击速度大,引起碰撞力也较大。所以正切入角容易使刀具破损或产生缺口,基于此,拟定刀心轨迹时,应避免正切入角。

④ 使用负切入角时,已切入工件材料镶刀片承受最大切削力,而刚切入(撞入)工件的刀片受力较小,引起碰撞力也较小,从而可延长镶刀片寿命,且引起的振动也小一些。因此使用负切入角是首选的方法。通常尽量应该让面铣刀中心在工件区域内,这样就可确保切入角为负,且工件只需一次切削时避免刀具中心线与工件中心线重合。

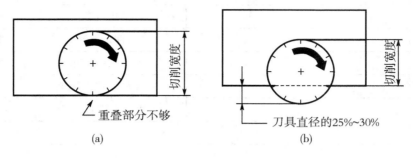

图 2-1-15　负切入角的两种刀路的比较

如图 2-1-15 所示两个刀路,虽然都使用负切入角,但图 2-1-15(a)面铣刀整个宽度全部参与铣削,刀具容易磨损;图 2-1-15(b)所示的刀削路线是正确的。

3. 进给量

粗铣时铣削力大,进给量的提高主要受刀具强度、机床、夹具等工艺系统刚性的限制,根据刀具形状、材料以及被加工工件材质的不同,在强度刚度许可的条件下,进给量应尽量取大;精铣时限制进给量的主要因素是加工表面的粗糙度,为了减小工艺系统的弹性变形,减小已加工表面的粗糙度,一般采用较小的进给量,具体参见表 2-1-1。进给速度 F 与铣刀每齿进给量 f、铣刀齿数 z 及主轴转速 n(r/min)的关系为:

$$F = f \times z(\text{mm/r}) \text{ 或 } F = n \times f \times z(\text{mm/min})$$

表 2-1-1　铣刀每齿进给量 f 推荐值(mm/Z)

工件材料	工件材料硬度(HB)	硬质合金		高速钢	
		端铣刀	立铣刀	端铣刀	立铣刀
低碳钢	150~200	0.2~0.35	0.07~0.12	0.15~0.3	0.03~0.18
中、高碳钢	220~300	0.12~0.25	0.07~0.1	0.1~0.2	0.03~0.15
灰铸铁	180~220	0.2~0.4	0.1~0.16	0.15~0.3	0.05~0.15
可锻铸铁	240~280	0.1~0.3	0.06~0.09	0.1~0.2	0.02~0.08
合金钢	220~280	0.1~0.3	0.05~0.08	0.12~0.2	0.03~0.08
工具钢	HRC36	0.12~0.25	0.04~0.08	0.07~0.12	0.03~0.08
镁合金铝	95~100	0.15~0.38	0.08~0.14	0.2~0.3	0.05~0.15

4. 平面铣削编程

(1) 常用辅助功能 M 指令

辅助功能由地址字 M 和其后的一位或两位数字组成,主要用于指定机床加工时的各种辅助动作及状态,如主轴的启停、正反转,冷却液的通断等。FANUC 数控系统的数控铣床常用的 M 指令见表 2-1-2。

表 2-1-2　辅助功能(M 指令)

代码	与同程序运动指令同时执行	在同程序运动指令之后执行	功能	附注
M00		√	程序停	非模态
M01		√	程序选择停止	非模态
M02		√	程序结束(复位)	非模态
M03	√		主轴正转(CW)	模态
M04	√		主轴反转(CCW)	模态
M05		√	主轴停	模态
M07	√		切削液开	模态
M08	√		切削液开	模态
M09		√	切削液关	模态
M30		√	程序结束(复位)并回到开头	非模态
M98	√		子程序调用	非模态
M99		√	子程序结束	非模态

(2) 绝对值与增量值编程

绝对值编程 G90 与增量值编程 G91。

说明:

G90 绝对值编程。每个编程坐标轴上的编程值是相对于程序原点的。

G91 相对值编程。每个编程坐标轴上的编程值是相对于前一位置而言的,该值等于沿轴移动的距离。

G90 G91 为模态功能,可相互注销。G90 为缺省值。

G90 G91 可用于同一程序段中,但要注意其顺序所造成的差异。

【例 2-1-1】　如图 2-1-16 所示,分别使用 G90、G91 编程,控制刀具由 1 点移动到 2 点。

绝对值编程:G90 G01 X40 Y45 F100;

增量值编程:G91 G01 X20 Y30 F100。

(3) 进给速度单位设定指令

① 每分钟进给模式 G94

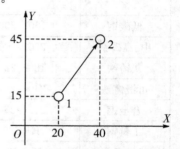

图 2-1-16　绝对编程与增量编程

指令格式：G94 F ___；

功能：该指令指定进给速度单位为每分钟进给量(mm/min)，G94 为模态指令。

② 每转进给模式 G95

指令格式：G95 F ___；

功能：该指令指定进给速度单位为每转进给量(mm/r)，G95 为模态指令。

【例 2-1-2】 G94 G01 X10 F200；表示进给速度为 200 mm/min。

G95 G01 X10 F0.2；表示进给速度为 0.2 mm/r。

（4）平面选择指令（G17、G18、G19）

当机床坐标系及工件坐标系确定后，对应地就确定了三个坐标平面，即 *XY* 平面、*ZX* 平面、*YZ* 平面，如图 2-1-17所示。可分别用 G 代码 G17(*XY* 平面)、G18(*ZX* 平面)、G19(*YZ* 平面)表示这三个平面。

注意：G17、G18、G19 所指定的平面，均是从 *Z*、*Y*、*X* 各轴的正方向向负方向观察进行确定。G17、G18、G19 为模态功能可相互注销，一般 G17 为缺省值。

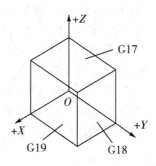

图 2-1-17 平面选择指令

（5）工件坐标系选择指令（G54～G59）

在机床控制系统中，可用 G54～G59 指令在 6 个预定的工件坐标系中选择当前工件坐标系。当工件尺寸很多且相对有多个不同的标注基准时，可将其中几个基准在机床坐标系中的坐标值通过 MDI 方式预先输入到系统中，作为 G54～G59 的坐标原点，系统将自动记忆这些点。一旦程序执行到 G54～G59 指令之一，则该工件坐标系原点即为当前程序原点，后续程序段中的绝对坐标均为相对此程序原点的值。

指令格式：G54～G59 G90 G00 (G01) X ___ Y ___ Z ___(F ___)；

式中：G54～G59 为工件坐标系选择指令，可任选一个。

指令说明：

① G54～G59 是系统预置的六个坐标系，可根据需要选用。

② G54～G59 建立的工件坐标原点是相对于机床原点而言的，在程序运行前已设定好，在程序运行中是无法重置的。

③ G54～G59 预置建立的工件坐标原点在机床坐标系中的坐标值可用 MDI 方式输入，系统自动记忆。

④ 使用该组指令前，必须先回参考点。

⑤ G54～G59 为模态指令，可相互注销。

（6）直线插补指令

指令格式：G01 X ___ Y ___ Z ___ F ___；

式中：

X、Y、Z——绝对编程时目标点在工件坐标系中的坐标；增量编程时刀具移动的距离。

F——合成进给速度。

指令说明：

① 该指令严格控制起点与终点之间的轨迹为一直线,各坐标轴运动为联动,轨迹的控制通过数控系统的插补运算完成,因此称为直线插补指令。

② 该指令用于直线切削,进给速度由 F 指令指明,若本指令段内无 F 指令,则续效之前的 F 值。

③ G01 和 F 均为模态代码。

直线插补指令 G01,一般作为直线轮廓的切削加工运动指令,有时也用作很短距离的空行程运动指令,以防止 G00 指令在短距离高速运动时可能出现的惯性过冲现象。

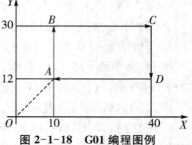

【例 2-1-3】 如图 2-1-18 所示路径,坐标系原点 O 是程序起始点,要求刀具由 O 点快速移动到 A 点,然后沿 AB、BC、CD、DA 实现直线切削,再由 A 点快速返回程序起始点 O,其程序按绝对值方式编程如表 2-1-3 所示。

图 2-1-18 G01 编程图例

表 2-1-3 G01 编程示例

O4001	程序名
……	
N20 G94 G90 G00 X10 Y12 M03 S600	快速移至 A 点,主轴正转,转速 600 r/min
N30 G01 Y30 F100	直线进给 A→B,进给速度 100 mm/min
N40 X40	直线进给 B→C,进给速度不变
N50 Y12	直线进给 C→D,进给速度不变
N60 X10	直线进给 D→A,进给速度不变
N70 G00 X0 Y0	返回原点 O
N80 M05	主轴停止
N90 M30	程序结束

(7) 编写加工程序

如图所示零件 6 个表面均已加工,本工序加工内容为零件上表面,确定尺寸厚度达 30 mm,并使其粗糙度达要求。平面铣削时最好选用比零件宽的面铣刀进行单次铣削,确保效率和质量。

本例采用 $\phi 25$ mm 高速钢平铣刀,加工时切削速度 $V = 32$ mm/min,$n = \dfrac{1\,000 \times 32}{3.14 \times 25} = 407.6$ r/min,取 $n = 400$ r/min。

工件装夹:本工序采用平口钳装夹,保证工作上表面高于钳口即可。

编程原点:零件左下角,Z 轴原点设在工件上表面。

加工下刀点和程序原点如图 2-1-19 所示,刀具中心轨迹如图 2-1-20 所示。

加工程序见表 2-1-4。

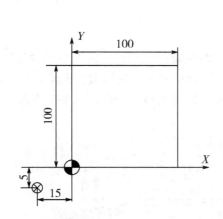

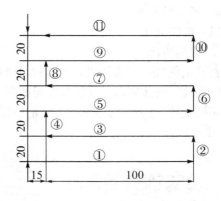

图 2-1-19　加工下刀点和程序原点　　　图 2-1-20　刀具中心轨迹

表 2-1-4　铣削平面程序清单

O1000	程序名
N10 G54 G90 G17 G40 G80 G49 G21	设置初始状态
N20 G00 X0 Y0 Z50	安全高度
N30 G00 X-15 Y-5 Z5	快速移动到下刀点上方
N40 M03 S400	启动主轴
N50 G01 Z-1 F80　M08	下刀,启动冷却
N60 G01 X100　F150	+X 方向铣削,第一行铣削
N70 Y15	+Y 方向进刀
N80 X0	-X 方向铣削,第二行铣削
N90 Y35	+Y 方向进刀
N100 X100	+X 方向铣削,第三行铣削
N110 Y55	+Y 方向进刀
N120 X0	-X 方向铣削,第四行铣削
N130 Y75	+Y 方向进刀
N140 X100	+X 方向铣削,第五行铣削
N150 Y95	+Y 方向进刀
N160 Y-15	-X 方向铣削,第六行铣削
N170 G00 Z20	抬刀
N180 G00　X0 Y0 Z50	回到安全高度
N190 M30	程序结束

5. 零件仿真加工

（1）机床准备

① 选择机床

打开菜单"机床/选择机床…"，或单击机床图标菜单，如图 2-1-21(a)鼠标箭头所示，单击弹出"选择机床"对话框，界面如图 2-1-21(b)所示。选择数控系统 FANUC 0i 和相应的机床，选择标准类型，按确定按钮，系统即可切换到铣床仿真加工界面，如图 2-1-22所示。

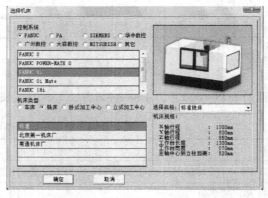

(a) 选择机床菜单　　　　　　　　　　　(b) 选择机床及数控系统界面

图 2-1-21　选择机床及系统操作

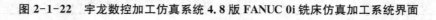

图 2-1-22　宇龙数控加工仿真系统 4.8 版 FANUC 0i 铣床仿真加工系统界面

② 激活机床

点击"启动"按钮，此时机床电机和伺服控制的指示灯变亮。

检查"急停"按钮是否松开至 状态，若未松开，点击"急停"按钮 ，将其松开。

③ 机床回参考点

检查操作面板上回原点指示灯是否亮，若指示灯亮，则已进入回原点模式；若指示灯不亮,则点击"回原点"按钮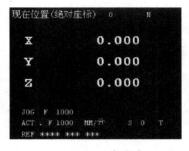,转入回原点模式。

在回原点模式下,先将 Z 轴回原点,点击操作面板上的"Z 轴选择"按钮 Z ,点击 + ,此时 Z 轴将回原点,Z 轴回原点灯变亮,CRT 上的 Z 坐标变为"0.000"。同样,点击 X 轴方向按钮 X 和 + ,X 轴将回原点,X 和 Z 轴回原点灯变亮。再点击点击 Y 轴方向按钮 Y 和 + ,Y 轴将回原点,X 轴、Y 轴和 Z 轴回原点灯变亮。此时 CRT 界面如图 2-1-23 所示。

图 2-1-23　回参考点

(2) 装夹工件

① 定义毛坯

打开菜单"零件/定义毛坯"或在工具条上选择"⬚",如图 2-1-24 箭头所示,系统弹出定义毛坯的对话框,如图 2-1-25 所示。

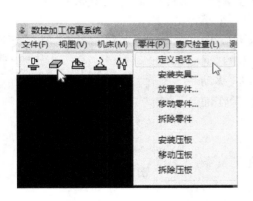

图 2-1-24　定义毛坯菜单

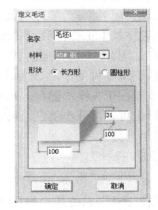

图 2-1-25　定义毛坯尺寸

在定义毛坯对话框中,各字段的含义如下。

名字:在毛坯名字输入框内输入毛坯名,也可使用缺省值。

形状:在毛坯形状框内点击下拉列表,选择毛坯形状。铣床、加工中心有两种形状的毛坯供选择,长方形毛坯和圆柱形毛坯。

材料:在毛坯材料框内点击下拉列表,选择毛坯材料。毛坯材料列表框中提供了多种供加工的毛坯材料,可根据需要在"材料"下拉列表中选择毛坯材料。

毛坯尺寸:点击尺寸输入框,即可改变毛坯尺寸,单位:mm。

完成以上操作后,按"确定"按钮,保存定义的毛坯并且退出本操作,也可按"取消"按钮,退出本操作。

② 放置零件

打开菜单"零件/放置零件"命令或者在工具条上选择图标 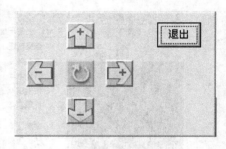，系统弹出操作对话框，如图 2-1-26 所示。

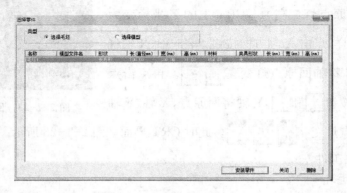

图 2-1-26 "选择零件"对话框

在列表中点击所需的零件，选中的零件信息加亮显示，按下"安装零件"按钮，系统自动关闭对话框，零件和夹具(如果已经选择了夹具)将被放到机床上。

毛坯放上工作台后，系统将自动弹出一个小键盘(如图 2-1-27)，通过按动小键盘上的方向按钮，实现零件的平移或旋转。小键盘上的"退出"按钮用于关闭小键盘。选择菜单"零件/移动零件"也可以打开小键盘。请在执行其他操作前关闭小键盘。

(3) 选择刀具

打开菜单"机床/选择刀具"或者在工具条中选择" "，系统弹出刀具选择对话框。

图 2-1-27 移动工作

在"所需刀具直径"输入框内输入直径 25 mm。在"所需刀具类型"选择列表中选择刀具类型"平底刀"。按下"确定"，符合条件的刀具在"可选刀具"列表中显示。按需要输入刀柄参数。参数有直径和长度两个。总长度是刀柄长度与刀具长度之和。按"确认"键完成选刀操作。点击"添加到主轴"按钮。铣床的刀具自动装到主轴上，如图 2-1-28 所示。

按"删除当前刀具"键可删除此时"已选择的刀具"列表中光标所在行的刀具。

(4) 输入加工程序

与数控车床输入加工程序方法相同。

(5) 对刀

对刀的目的是通过刀具或对刀工具确定工件坐标系与机床坐标系之间的空间位置关系，并将对刀数据输入到相应的存储位置。它是数控加工中最重要的工作内容，其准确性将直接影响零件的加工精度。对刀分为 X、Y 向对刀和 Z 向对刀。

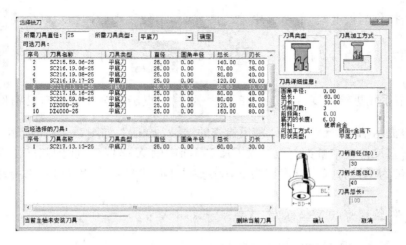

图 2-1-28　选择铣刀

① 刚性靠棒 X、Y 轴方向对刀

刚性靠棒采用检查塞尺松紧的方式对刀,具体过程如下(我们采用将零件放置在基准工具的左侧(正面视图)的方式)。

点击菜单"机床/基准工具…",弹出的基准工具对话框中,左边的是刚性靠棒基准工具,右边的是寻边器,如图 2-1-29。在选择刚性靠棒时,主轴应没有安装刀具。

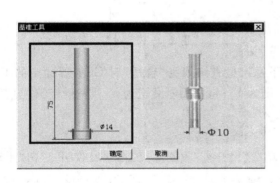

图 2-1-29　选择刚性靠棒

图 2-1-30　调整机床位置

点击操作面板中的"手动"按钮 ，手动状态灯亮 ，进入"手动"方式。

点击 MDI 键盘上的 ，使 CRT 界面上显示坐标值;借助"视图"菜单中的动态旋转、动态放缩、动态平移等工具,适当点击 X ， Y ， Z 按钮和 ＋ ， － 按钮,将机床移动到如图 2-1-30 所示的大致位置。

移动到大致位置后,可以采用手轮调节方式移动机床,点击菜单"塞尺检查/1 mm",基准工具和零件之间被插入塞尺。在机床下方显示如图 2-1-31 所示的局部放大图(紧贴零件的红色物件为塞尺)。

点击操作面板上的"手动脉冲"按钮 ⊞ 或 ⊙，使手动脉冲指示灯变亮 ⊙，采用手动脉冲方式精确移动机床，点击 Ⅲ 显示手轮 ⊙，将手轮对应轴旋钮 ⊘ 置于 X 挡，调节手轮进给速度旋钮 ⊘，在手轮 ⊙ 上点击鼠标左键或右键精确移动靠棒。使得提示信息对话框显示"塞尺检查的结果：合适"，如图 2-1-31 所示。

记下塞尺检查结果为"合适"时 CRT 界面中的 X 坐标值，此为基准工具中心的 X 坐标，记为 X_1；将塞尺厚度记为 X_2；将基准工件直径记为 X_3（可在选择基准工具时读出）。

则工件编程原点 X 坐标为：$X = X_1 + X_2 + X_3$

图 2-1-31　X 向对刀

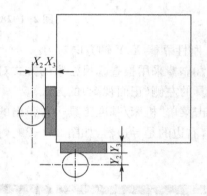

图 2-1-32　对刀示意图

将刚性靠棒移至工件 B 面，记下塞尺检查结果为"合适"时 CRT 界面中的 Y 坐标值，此为基准工具中心的 Y 坐标，记为 Y_1；将塞尺厚度记为 Y_2；将基准工件直径记为 Y_3（如图 2-1-32 所示）。

则工件编程原点 Y 坐标为：$Y = Y_1 + Y_2 + Y_3$

完成 X,Y 方向对刀后，点击菜单"塞尺检查/收回塞尺"将塞尺收回，点击"手动"按钮 ⊞，手动灯亮 ⊞，机床转入手动操作状态，点击 Z 和 + 按钮，将 Z 轴提起，再点击菜单"机床/拆除工具"拆除基准工具。

注：塞尺有各种不同尺寸，可以根据需要调用。本系统提供的塞尺尺寸有 0.05 mm，0.1 mm，0.2 mm，1 mm，2 mm，3 mm，100 mm（量块）。

② 试切法 Z 轴对刀

点击菜单"机床/选择刀具"或点击工具条上的小图标 ，选择所需刀具。

装好刀具后，利用操作面板上的 X ，Y ，Z 和 + ，− 按钮，将机床移到如图 2-1-33 的大致位置。

打开菜单"视图/选项…"中"铁屑开"选项。

点击操作面板上  或  按钮使主轴转动；点击操作面板上的 Z 和 －，见到有铁屑飞开时停止，使铣刀将零件切削小部分，记下此时 Z 的坐标值，记为 Z，此为工件表面一点处 Z 的坐标值。

通过对刀得到的坐标值 (X,Y,Z) 即为工件坐标系原点在机床坐标系中的坐标值。

③ 设定工件坐标系

在 MDI 键盘上点击 键，按菜单软键"坐标系"，进入坐标系参数设定界面，点击 PAGE ↓ 或 ↑ 键在 No1～No3 坐标系页面和 No4～No6 坐标系页面（如图 2-1-34 所示）之间切换。

图 2-1-33　Z 向对刀

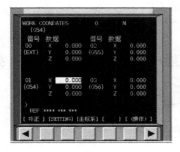

图 2-1-34　No1～No6 坐标系设定

(a)G54～G56　　　(b)G57～G59

图 2-1-35　G54 坐标设定

用 CURSOR ↓ 或 ↑ 选择所需的坐标系 G54（如图 2-1-35 所示）；输入地址字 $(X/Y/Z)$ 和数值到输入域，即"X"，按 键，把输入域中的内容输入到所指定的位置；再分别输入"Y" 按 键，"Z" 按 键，即完成了工件坐标原点的设定。

（6）仿真加工

NC 程序导入后，可检查运行轨迹。

点击操作面板上的自动运行按钮，使其指示灯变亮，转入自动加工模式，点击 MDI 键盘上的 按钮，点击数字/字母键，输入"Ox"（x 为所需要检查运行轨迹的数控程序号），按 ↑ 开始搜索，找到后，程序显示在 CRT 界面上。点击 按钮，进入检查运行轨迹模式，点击操作面板上的循环启动按钮 ，即可观察数控程序的运行轨迹，此时也可通过"视图"菜单中的动态旋转、动态放缩、动态平移等方式对三维运行轨迹进行全方位的动态观察。

如果没有问题，单击 ，退出程序校验模式。

单击操作面板上的"循环启动"按钮，开始执行程序，进行自动加工。

（7）检测工件

单击菜单"测量"→"剖面图测量"，弹出测量面板，测量时选中"自动测量"后进行智能捕捉。

三、铣削槽

1. 铣槽刀具

（1）立铣刀

立铣刀是数控机床上使用最多的刀具之一。主要用于加工凸台、凹槽、小平面、曲面等。立铣刀的圆周表面的切削刃为主切削刃，端面上的切削刃为副切削刃。主切削刃一般为螺旋齿，可使切削平稳，提高加工精度。

① 可转位立铣刀

如图 2-1-36 所示，各类可转位立铣刀由可转位刀片（设有三维断屑槽形）组合成侧齿，端齿与过中心刃端齿（均为短切削刃），可满足数控高速、平稳三维空间铣削加工技术要求。

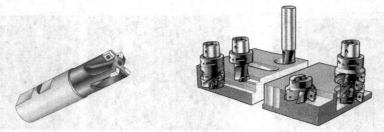

图 2-1-36　可转位式立铣刀

② 硬质合金整体式立铣刀

如图 2-1-37 所示硬质合金立铣刀侧刃采用大螺旋升角（≤62°）结构，刀头部的过中心端刃（或螺旋中心刃）呈弧线形，负刃倾角，增加切削刃长度，提高了切削平稳性、工件表面质量及刀具使用寿命。其适应数控高速、平稳三维空间铣削加工的要求。

图 2-1-37　硬质全金整体式立铣刀

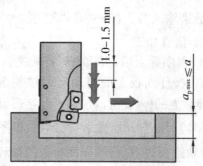

图 2-1-38　波形立铣刀

③ 波形立铣刀

波形立铣刀特点是：能将狭长的薄切屑变成厚而短的碎切屑，使排屑变得流畅；比普通立铣刀容易切进工件，在相同进给量的条件下，其切削厚度比普通立铣刀要大些，并且减小了切削刃在工件表面的滑动现象，从而提高了刀具的使用寿命；与工件接触的切削刃长度较短,刀具不易产生振动;由于切削刃是波形的,因而使刀刃的长度增大,有利于刀具散热。图 2-1-38 为波形立铣刀工作示意图。

（2）键槽铣刀

键槽铣刀(如图 2-1-39 所示)有两个刀齿,圆周和端面上都有切削刃,端面刃过刀具中心,既像立铣刀又像钻头。加工时一般先轴向进给到达槽深,再铣出键槽的全长。主要用于加工圆头封闭键槽。

国家标准规定,直柄键槽铣刀直径为 $d=2\sim22$ mm,锥柄键槽铣刀直径为 $d=14\sim50$ mm。整体式键槽铣刀重磨时,只要刃磨端面切削刃。

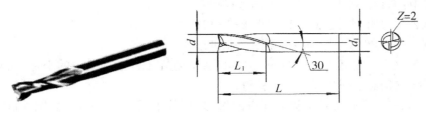

图 2-1-39　键槽铣刀

2. 铣槽方法

（1）精度要求不高的槽

在一般情况下,当槽的宽度较小时,可选择直径与槽的宽度相等的铣刀,依据槽中心线铣削而成。若槽的宽度较大时,可选择直径比槽的宽度小的铣刀,先沿斜线或螺旋方向,到达槽深,然后沿槽的形状走刀,最后沿轴线方向抬刀。

（2）精度要求较高的槽

可采用键槽铣刀用分层铣削法和扩刀铣削法进行铣削。

分层铣削法:在每次进刀时,铣削深度 a_p 取 $0.5\sim1.0$ mm,手动进给由键槽的一端铣向另一端。然后再吃深,重复铣削。铣削时应注意键槽两端要各留长度方向的余量 $0.2\sim0.5$ mm。在逐次铣削达到键槽深度后,最后铣去两端的余量,使其符合长度要求,如图 2-1-40 所示。此法主要适用于键槽长度尺寸较短、生产数量不多的轴上键槽的铣削。

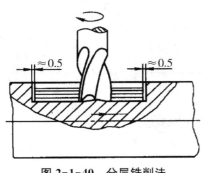

图 2-1-40　分层铣削法

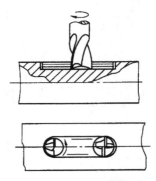

图 2-1-41　扩刀铣削法

扩刀铣削法则是：先用直径比槽宽尺寸略小的铣刀分层往复地粗铣至槽深。槽深留余量 0.1～0.3 mm；槽长两端各留余量 0.2～0.5 mm。再用符合键槽宽度尺寸的键槽铣刀进行精铣，如图 2-1-41 所示。

3. 铣削编程

（1）圆弧插补指令 G02、G03

$$\begin{Bmatrix} G17 \\ G18 \\ G19 \end{Bmatrix} \begin{Bmatrix} G02 \\ G03 \end{Bmatrix} X\_\ Y\_\ Z\_\ \begin{Bmatrix} I\_\ J\_\ K\_ \\ R\_ \end{Bmatrix} F\_\ ;$$

式中：G17～G19——坐标平面选择指令；

G02——顺时针圆弧插补，见图 2-1-42；

G03——逆时针圆弧插补，见图 2-1-42；

X、Y、Z——圆弧终点，在 G90 时为圆弧终点在工件坐标系中的坐标，在 G91 时为圆弧终点相对于圆弧起点的位移量；

I、J、K——圆心相对于圆弧起点的偏移值（等于圆心的坐标减去圆弧起点的坐标，如图 2-1-43 所示），在 G90/G91 时都是以增量方式指定；

R——圆弧半径，当圆弧圆心角小于 180°时 R 为正值，否则 R 为负值；当圆心角等于 180°时，R 可取正也可取负，如图 2-1-44 所示；

F——被编程的两个轴的合成进给速度。

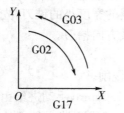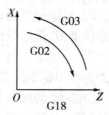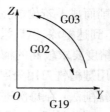

图 2-1-42　G02、G03 的判断

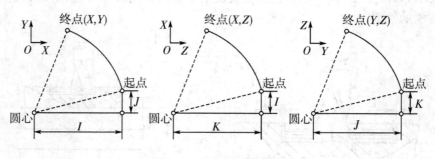

图 2-1-43　I、J、K 的算法

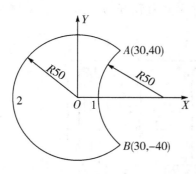

图 2-1-44　R 值的正负判别

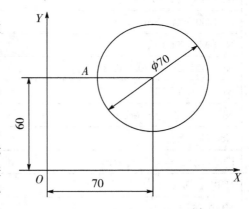

图 2-1-45　R 及 I、J、K 编程举例

【例 2-1-4】　如图 2-1-44 所示,使用圆弧插补指令编写 A 点到 B 点程序。

圆弧 1:G17 G90 G03 X30 Y－40 R50 F60;

圆弧 2:G17 G90 G03 X30 Y－40 R－50 F60。

【例 2-1-5】　如图 2-1-45 所示,使用圆弧插补指令编写 A 点到 B 点程序。

I、J、K 编程:G17 G90 G02 X100 Y44 I19 J－48 F60;

R 编程:　　　G17 G90 G02 X100 Y44 R51.62 F60。

【例 2-1-6】　如图 2-1-46 所示,加工整圆,刀具起点在 A 点,逆时针加工。

I、J、K 编程:G17 G90 G03 X35 Y60 I35 J0 F60。

圆弧编程注意事项:

① 圆弧顺、逆的判别方法为沿圆弧所在平面的垂直坐标轴的正方向往负方向看。图 2-1-46 整圆编程。

② 整圆编程时不可以使用 R,只能用 I、J、K 方式。

③ G02、G03 用于螺旋线进给时,X、Y、Z 中由 G17/G18/G19 平面选定的两个坐标为螺旋线投影圆弧的终点,意义同圆弧进给,第 3 个坐标是与选定平面相垂直的轴终点。其余参数的意义同圆弧进给。该指令对另一个不在圆弧平面上的坐标轴施加运

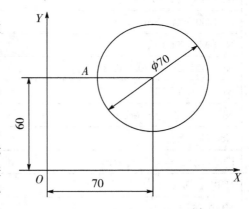

图 2-1-46　整圆铣削编程

动指令,对于任何小于 360°的圆弧可附加任一数值的单轴指令。

(2) 编写加工程序

夹具:平口钳。

刀具:φ8 键槽铣刀(2 齿)。

量具:量程为 150 mm,分度值为 0.02 mm 的游标卡尺。

编程原点:工件对称中心,用 G55 设定,如图 2-1-48 所示。

走刀路线:U 形槽的加工精度和表面粗糙度度要求不高,可采用键槽铣刀一次铣削完成。走刀路线各基点坐标如图 2-1-47 所示。因采用键槽铣刀铣削,深度进

给可一次进给到既定深度,平面进给时,为了使槽具有较好的表面质量,采用顺铣方式铣削。

点	坐标值
A	40,40
B	40,-25
C	25,-40
D	-25,-40
E	-40,-25
F	-40,40

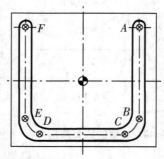

图 2-1-47　U 形槽进给路线及基点坐标

加工程序:参见表 2-1-5。

表 2-1-5　铣削 U 形槽程序清单

程　　序	说　　明
O2000	程序号
N10 G55 G90 G17 G40 G80 G49 G21	设置初始状态
N20 G00 X0 Y0 Z50	安全高度
N30 G00 X40 Y40 Z5	快速移动到下刀点上方
N40 M03 S400	启动主轴
N50 G01 Z-5 F80　M08	下刀,启动冷却
N60 Y-25 F75	开始铣削 U 形槽
N70 G02 X25 Y-40 R15	
N80 G01 X-25	
N90 G02 X-40 Y-25 R15	
N100 G01 Y40	U 形槽铣削完毕
N110 Z5	提刀
N120 G00　X0 Y0　Z100	回到安全高度
N130 M30	程序结束

四、零件仿真加工

1. 机床准备

完成平面铣削后,若没有关闭数控仿真系统,可直接拆除铣削平面用刀具,安装 ϕ8 mm 键槽铣刀,进行 U 形槽的数控仿真加工。若已退出数控仿真系统,可按以下步骤进行:进入宇龙数控仿真系统→回零→安装工件(工件尺寸 100 mm×100 mm×

30 mm)→输入并调试程序。

2. 对刀

安装 ϕ8 mm 键槽铣刀,如图 2-1-48 所示。进行 X、Y 方向对刀。Z 向对刀可采用塞尺检查法。

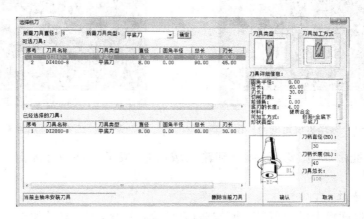

图 2-1-48　安装键槽铣刀

将操作面板中模式旋钮切换到手动,进入"手动"方式。

点击 MDI 键盘上的 POS,使 CRT 界面上显示坐标值;借助"视图"菜单中的动态旋转、动态放缩、动态平移等工具,利用操作面板上的按钮和手动轴选择旋钮,将机床移动到如图 2-1-49 所示的大致位置。

类似在 X,Y 方向对刀的方法进行塞尺检查,得到"塞尺检查:合适"时 Z 的坐标值,记为 $Z1$,如图 2-1-50 所示。则坐标值为 $Z1$ 减去塞尺厚度后数值为 Z 坐标原点,此时工件坐标系在工件上表面。

图 2-1-49　Z 向对刀准备

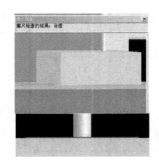

图 2-1-50　塞尺检查

用 CURSOR ↓ 或 ↑ 选择所需的坐标系 G55,如图 2-1-51 所示。

图 2-1-51　选择需设定的坐标系 G55　　　**图 2-1-52　工件坐标原点 G55 设定**

输入地址字（X/Y/Z）和数值到输入域,即完成了工件坐标原点的设定,如图 2-1-52 所示。

3. 仿真加工

单击操作面板上的"循环启动"按钮,开始执行程序,进行自动加工。

单击菜单"测量"→"剖面图测量",弹出测量面板,测量时选中"自动测量"后进行智能捕捉。

【巩固提高】

1. 汽车检具底板基面如图 2-1-53 所示,工件材料为 45 钢,生产规模:单件。要求选用用 φ14 mm 高速钢三刃立铣刀,按给定的铣刀轨迹(如图 2-1-54 所示)完成平面铣削和编程与调试。

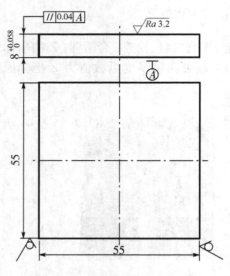
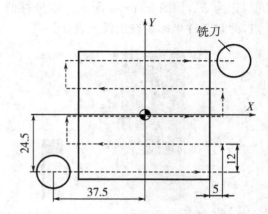

图 2-1-53　汽车检具底板毛坯　　　**图 2-1-54　汽车检具底板毛坯铣削轨迹图**

2. U形槽板零件图如图 2-1-55 所示,毛坯为 100 mm×100 mm×31 mm 的 45 钢板料。请选择合适的铣刀,编程零件的数控加工程序,并运用宇龙数控仿真系统完成零件的仿真加工。

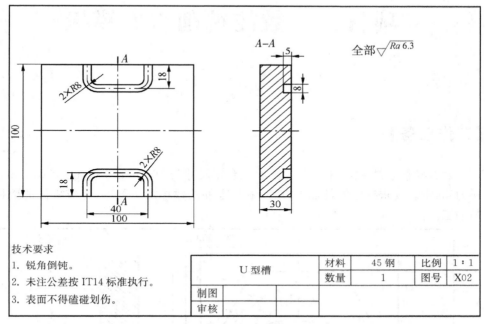

图 2-1-55　U 型槽板

项目二　数控铣削六方模板

【工作任务】

六方模板零件图如图 2-2-1 所示。毛坯尺寸为 100 mm×80 mm×20 mm。材料为 45 钢。要求确定零件加工方案，编写零件的数控加工程序，完成零件的数控铣削加工。

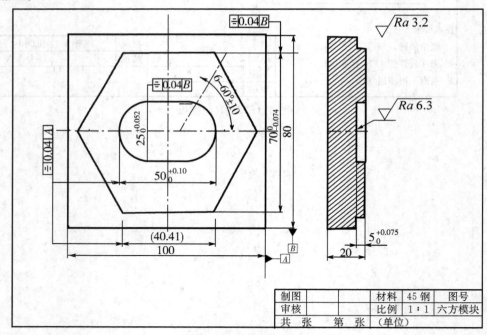

图 2-2-1　六方模板

【学习目标】

1. 熟悉轮廓铣削刀具和轮廓铣削的方法，能根据零件图样选择合适的刀具和恰当的加工方法确定轮廓铣削方案。

2. 熟悉轮廓铣削常用编程指令（刀具补偿、子程序等），能编写和调试轮廓零件的数控加工程序。

一、铣削外轮廓

1. 外轮廓铣削刀具

铣削工件外轮廓时,一般采用立铣刀侧刃切削。可参见本教材工作模块二项目一。

2. 外轮廓铣削方法

(1) 铣削方式

在铣削加工中,采用顺铣还是逆铣方式是影响加工表面粗糙度的重要因素之一。顺铣时切削力 F 的水平分力 F_x 的方向与进给运动 V_f 的方向相同,逆铣时切削力 F 的水平分力 F_x 的方向与进给运动 V_f 方向相反。选择铣削方式时应根据零件图样的加工要求、工件材料的性质、特点以及机床、刀具等条件综合考虑。由于数控机床传动采用滚珠丝杠结构,进给传动间隙很小,顺铣的工艺性就优于逆铣。

如图 2-2-2(a)所示为采用顺铣切削方式精铣外轮廓,图 2-2-2(b)所示为采用逆铣切削方式精铣型腔轮廓,图 2-2-2(c)所示为顺、逆铣时的切削区域。

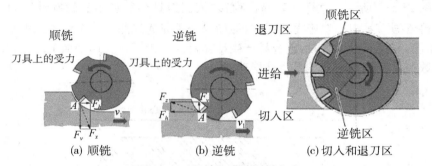

图 2-2-2　顺铣和逆铣切削方式

为了降低表面粗糙度值,提高刀具耐用度,铣削铝镁合金、钛合金和耐热合金等材料时尽量采用顺铣加工。但加工零件毛坯为黑色金属锻件或铸件时,表皮硬且余量较大,宜采用逆铣。

(2) 走刀路线

铣削工件外轮廓通常采用的进给路线为:从起刀点快速移到下刀点→沿切向切入工件→沿轮廓切削→刀具向上抬刀,退离工件→返回起刀点。沿切向切入工件有两种方式,一种是沿直线切入,另一种是沿圆弧切入,如图 2-2-3 所示。

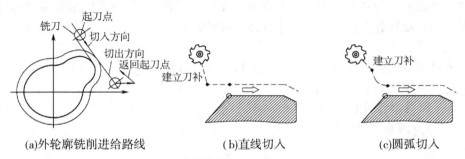

(a)外轮廓铣削进给路线　　　　(b)直线切入　　　　(c)圆弧切入

图 2-2-3　铣削外轮廓时刀具切入切出方式

铣削外整圆时（如图 2-2-4 所示），要安排刀具从切向进入圆周铣削加工。当整圆加工完毕后，不要在切点处直接退刀，而让刀具沿切线方向多运动一段距离，以免取消刀具补偿时，刀具与工件表面相碰撞，造成工件报废。

3. 铣削编程

（1）刀具半径补偿功能

在编制数控铣床轮廓铣削加工程序时，为了编程方便，通常将数控刀具假想成一个点（刀位点），认为刀位点与编程轨迹重合。但实际上由于刀具存在一定的直径，使刀具中心轨迹与零件轮廓不重

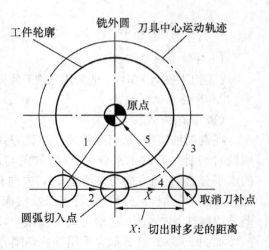

图 2-2-4　铣削外整圆走刀路线

合，如图 2-2-5 所示。这样，编程时就必须依据刀具半径和零件轮廓计算刀具中心轨迹，再依据刀具中心轨迹完成编程，但如果人工完成这些计算将给手工编程带来很多的不便，当计算量较大时，也容易产生计算错误。为了解决这个加工与编程之间的矛盾，数控系统提供了刀具半径补偿功能。

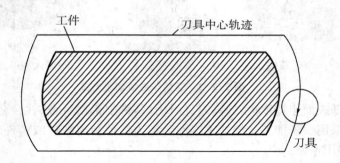

图 2-2-5　刀具半径补偿

数控系统的刀具半径补偿功能就是将计算刀具中心轨迹的过程交由数控系统完成，编程员假设刀具半径为零，直接根据零件的轮廓形状进行编程，而实际的刀具半径则存放在一个刀具半径偏置寄存器中。在加工过程中，数控系统根据零件程序和刀具半径自动计算刀具中心轨迹，完成对零件的加工。

（2）刀位点

刀位点是代表刀具的基准点，也是对刀时的注视点，一般是刀具上的一点。常用刀具的刀位点如图 2-2-6 所示。

（3）刀具半径补偿指令

① 建立刀具半径补偿指令格式

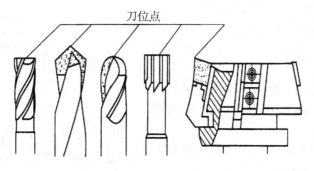

图 2-2-6　刀位点

指令格式：$\begin{Bmatrix} G17 \\ G18 \\ G19 \end{Bmatrix} \begin{Bmatrix} G41 \\ G42 \end{Bmatrix} \begin{Bmatrix} G00 \\ G01 \end{Bmatrix}$

式中：

G17～G19——坐标平面选择指令；

G41——左刀补，如图 2-2-7(a)所示；

G42——右刀补，如图 2-2-7(b)所示；

X、Y、Z——建立刀具半径补偿时目标点坐标；

D——刀具半径补偿号。

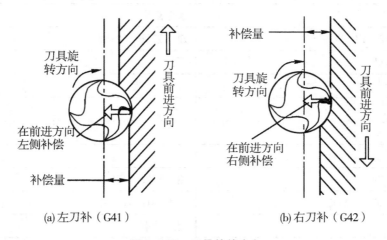

(a)左刀补（G41）　　　　　　　　(b)右刀补（G42）

图 2-2-7　刀具补偿方向

② 取消刀具半径补偿指令格式

指令格式：$\begin{Bmatrix} G17 \\ G18 \\ G19 \end{Bmatrix} G40 \begin{Bmatrix} G00 \\ G01 \end{Bmatrix} X\_\_ Y\_\_ Z\_\_$

式中：

G17～G19——坐标平面选择指令；

G40——取消刀具半径补偿功能。

③ 刀具半径补偿的过程

如图 2-2-8 所示刀具半径补偿的过程分为三步：

a. 刀补的建立：刀心轨迹从与编程轨迹重合过渡到与编程轨迹偏离一个偏置量的过程。

b. 刀补进行：刀具中心始终与编程轨迹相距一个偏置量直到刀补取消。

c. 刀补取消：刀具离开工件，刀心轨迹要过渡到与编程轨迹重合的过程。

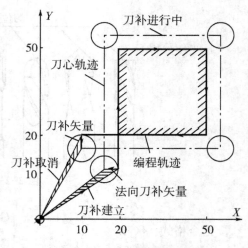

图 2-2-8　刀具半径补偿过程

【例 2-2-1】　使用刀具半径补偿功能完成如图 2-2-8 所示轮廓加工的编程。

建立如图 2-2-8 所示坐标系，参考程序如表 2-2-1 所示。

表 2-2-1　加工程序

O5001	程序名
N10 G90 G54 G00 X0 Y0 M03 S500 F50	
N20 G00 Z50.0	安全高度
N30 Z10	参考高度
N40 G41 X20 Y10 D01 F50	建立刀具半径补偿
N50 G01 Z-10	下刀
N60 Y50	
N70 X50	
N80 Y20	
N90 X10	
N100 G00 Z50	抬刀到安全高度
N110 G40 X0 Y0 M05	取消刀具半径补偿
N120 M30	程序结束

④ 使用刀具补偿的注意事项

在数控铣床上使用刀具补偿时，必须特别注意其执行过程的原则，否则往往容易引起加工失误甚至报警，使系统停止运行或刀具半径补偿失效等。

a. 刀具半径补偿的建立与取消只能 G01、G00 来实现，不得用 G02 和 G03。

b. 建立和取消刀具半径补偿时，刀具必须在所补偿的平面内移动，且移动距离应大于刀具补偿值。

c. D00~D99 为刀具补偿号，D00 意味着取消刀具补偿（即 G41/G42 X __ Y __

D00 等价于 G40)。刀具补偿值在加工或试运行之前须设定在补偿存储器中。

d. 加工半径小于刀具半径的内圆弧时,进行半径补偿将产生刀具干涉,只有过渡圆角 $R \geq$ 刀具半径 r +精加工余量的情况才能正常切削。

e. 在刀具半径补偿模式下,如果存在有连续两段以上非移动指令(如 G90、M03 等)或非指定平面轴的移动指令,则有可能产生过切现象。

如图 2-2-9 所示,起始点在(X0,Y0),高度在 50 mm 处,使用刀具半径补偿时,由于接近工件及切削工件要有 Z 轴的移动,如果 N40、N50 两句连续 Z 轴移动,这时容易出现过切削现象。

表 2-2-2 产生过切的加工程序

O5002	程序号
N10 G90 G54 G00 X0 Y0 M03 S500	
N20 G00 Z50	安全高度
N30 G41 X20 Y10 D01	建立刀具半径补偿
N40 Z10	
N50 G01 Z-10.0 F50	连续两句 Z 轴移动,此时会产生过切削
N60 Y50	
N70 X50	
N80 Y20	
N90 X10	
N100 G00 Z50	抬刀到安全高度
N110 G40 X0 Y0 M05	取消刀具半径补偿
N120 M30	

以上程序在运行 N60 时,产生过切现象,如图 2-2-9 所示。其原因是当从 N30 刀具补偿建立后,进入刀具补偿进行状态后,系统只能读入 N40、N50 两段,但由于 Z 轴是非刀具补偿平面的轴,而且又读不到 N60 以后程序段,也就做不出偏移矢量,刀具确定不了前进的方向,此时刀具中心未加上刀具补偿而直接移动到了无补偿的 P1 点。当执行完 N40、N50 后,再执行 N60 段时,刀具中心从 P1 点移至交点 A,于是发生过切。

为避免过切,可将上面的程序修改如表 2-2-3 所示。

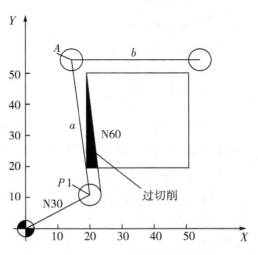

图 2-2-9 刀具半径补偿的过切削现象

表 2-2-3　修改后不产生过切的加工程序

O5003	程序号
N10 G90 G54 G00 X0 Y0 M03 S500	
N20 G00 Z50	安全高度
N30 Z10	快速定位,避免连续两句 Z 轴移动
N40 G41 X20 Y10 D01	建立刀具半径补偿
N50 G01 Z－10.0 F50	Z 向下刀
N60 Y50	Y 向进给,不会产生过切削
...	

（4）刀具半径补偿的其他应用

刀具半径补偿除方便编程外,还可利用改变刀具半径补偿值的大小的方法,实现利用同一程序进行粗、精加工。即:

粗加工刀具半径补偿＝刀具半径＋精加工余量

精加工刀具半径补偿＝刀具半径＋修正量

① 因磨损、重磨或换新刀而引起刀具半径改变后,不必修改程序,只需在刀具参数设置中输入变化后的刀具半径。如图 2-2-10 所示,1 为未磨损刀具,2 为磨损后刀具,只需将刀具参数表中的刀具半径 r_1 改为 r_2,即可适用同一程序。

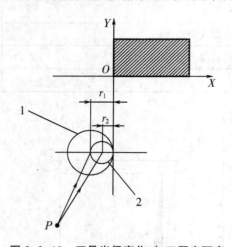
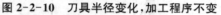

图 2-2-10　刀具半径变化,加工程序不变

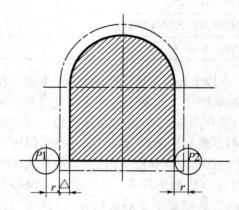

图 2-2-11　利用刀具半径补偿进行粗精加工

② 同一程序中,同一尺寸的刀具,利用半径补偿,可进行粗、精加工。如图 2-2-11,刀具半径为 r,精加工余量为 $\triangle$。粗加工时,输入刀具半径 $D＝r＋\triangle$,则加工出点画线轮廓;精加工时,用同一程序,同一刀具,但输入刀具半径 $D＝r$,加工出实线轮廓。

（5）子程序

一次装夹加工多个相同零件或一个零件有重复加工部分的情况可采用子程序。FANUC 数控铣床子程序的调用方法数控车床相同,请参见本教材工作模块一项目五。

（6）六边形外轮廓铣削编程

夹具：平口钳

刀具：$\phi20$ mm 立铣刀。

量具：量程为 150 mm,分度值为 0.02 mm 的游标卡尺。

编程原点：工件对称中心,用 G54 设定,如图 2-1-48 所示。

走刀路线：U 形槽的加工精度和表面粗糙度度要求不高,可采用键槽铣刀一次铣削完成。走刀路线各基点坐标如图 2-2-12 所示。因采用键槽铣刀铣削,深度进给可一次进给到既定深度,平面进给时,为了使槽具有较好的表面质量,采用顺铣方式铣削。

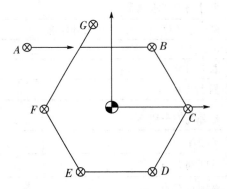

点	坐标值
A	−60,35.000
B	20.207,35.000
C	40.415,−0.000
D	20.207,−35.000
E	−20.207,−35.000
F	−40.415,0.000
G	−14.318,45.200

图 2-2-12　走刀路线和基点坐标

参考程序：见表 2-2-4 和表 2-2-5。

表 2-2-4　铣削六形外轮廓主程序

O2000	程序号
G54 G90 G17 G40 G80 G49 G21	设置初始状态
G00 X−80 Y50 Z150 M03 S500	安全高度
Z5 M08	快速移动到下刀点上方,冷却液开
G01 Z−5 F80	下刀
G41 G01 X−60 Y35 D01	建立刀具补偿,D01＝22 mm
M98 P1002	调用子程序,粗加工六边形外轮廓
Z5	提刀
G40 G00 X−80 Y50	取消刀补

（续表）

O2000	程序号
G01 Z－5 F80	下刀
G41 G01 X－60 Y35 D02	建立刀具补偿，D02＝10.4 mm
M98 P1002	调用子程序，半精加工六边形外轮廓
Z5	提刀
G40 G00 X－80 Y50 Z100　M09	取消刀补，关闭冷却液
M05	主轴停
M00	程序暂停，检测工件
M03 S500	启动主轴
G00 M08	快速移动到下刀点上方，冷却液开
G01 Z－5 F80	下刀
G41 G01 X－60 Y35 D03	建立刀具补偿，D03 的值根据测量结果和零件尺寸公差要求调整
M98 P1002	调用子程序，精加工六边形外轮廓
Z5	提刀
G40 G00 X0 Y0 Z50	取消刀补
M30	程序结束

表 2-2-5　铣削六形外轮廓子程序

O1002	子程序号
G01 X20.207 F150	铣削到 B 点
X40.415 Y0	铣削到 C 点
X20.207 Y－35	铣削到 D 点
X－20.207 Y－35	铣削到 E 点
X－40.415 Y0	铣削到 F 点
X－14.318 Y45.200	铣削到 G 点
M99	子程序结束，返回到主程序

4. 零件加工

进入宇龙数控仿真软件数控铣模块，激活机床→回零→安装工件→输入程序→对刀，设置坐标系→校验程序→安装刀具，设置刀具参数→自动加工→测量工件。

二、铣削内轮廓

1. 内轮廓铣削刀具

（1）立铣刀的类型

铣削工件内轮廓多采用立铣刀。立铣刀按端部切削刃的不同可分为过中心刃和不过中心刃两种。过中心刃的立铣刀可直接轴向进刀，不过中心刃的立铣刀的主切削刃位于圆周面上,端面上的切削刃是副切削刃,切削时一般不宜沿轴线方向进给。立铣刀按螺旋角可分为 30°、40°、60° 等形式,立铣刀按齿数可分为粗齿、中齿、细齿 3 种。

（2）选用立铣刀

① 直径的选择。选择时主要考虑工件加工尺寸的要求,并保证立铣刀所需功率在机床额定功率范围以内。一般情况下,立铣刀半径 ＝(0.8～0.9)×零件内轮廓面的最小曲率半径。

② 长度的选择。对不通孔(深槽),选取 $L=H+(5\sim10)\,\text{mm}$,其中 L 为刀具切削部分长度,H 为零件高度。加工通孔及通槽时,选取 $L=H+r_c+(5\sim10)\,\text{mm}$,其中 r_c 为刀尖角半径。

③ 刀刃数的选择。常用立铣刀的刃数一般为 2、3、4、6、8。刃数少,容屑空槽较大,排屑效果好;刃数多,立铣刀的芯厚较大,刀具刚性好,适合大进给切削,但排屑较差。粗铣钢件时,首先须保证容屑空间及刀齿强度,应采用刃数小的立铣刀;精铣铸铁件或铣削薄壁铸铁件时,宜采用刃数多的立铣刀。

④ 螺旋角的选择。粗加工时,螺旋角可选较小值;精加工时,螺旋角可选较大值。

2. 内轮廓铣削方法

（1）内轮廓余量去除

通常在实体上挖出图样要求的内轮廓,需考虑刀具切入方法和加工刀路两个问题。

① 刀具切入方法

把刀具引入到内轮廓进行铣削通常有三种方法：使用键槽铣刀沿 Z 轴切入工件;普通立铣刀由于刀刃不过中心,不能直接沿 Z 轴切入工件,必须铣预钻孔,立铣刀通过孔垂向切入;立铣刀斜向切入工件,但注意斜向切入的位置和角度的选择应适当。

② 加工刀路的设计

铣削内轮廓余量时,一般用平底立铣刀加工,刀具圆角半径应符合内腔的图纸要求。常用以下几种走刀路线进行铣削。

行切法加工内轮廓的走刀路线如图所示,这种走刀路线能切除内腔中的全部余量,不留死角,不伤轮廓。但行切法将在两次走刀的起点和终点间圆留下残留高度,而达不到要求的表面粗糙度。采用图 2-2-13(b)所示的走刀路线,先用行切法,最后沿周向环切一刀,光整轮廓表面,能获得较好的效果。图 2-2-13(c)所示的方法为环切法。也能切净内腔中的全部面积,不留死角,不伤轮廓,同时尽量减少重复进给的搭接量。用环切法获得的表面粗糙度要好于行切法,但环切法需要逐次向外扩展轮廓线,刀位点计算稍微复杂一些。

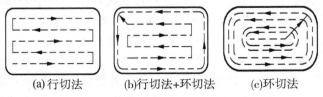

(a)行切法　　(b)行切法+环切法　　(c)环切法

图 2-2-13　内轮廓加工刀具的切入和切出过渡

（2）内轮廓精加工

铣削封闭的内轮廓表面时，若内轮廓曲线允许外延，则应沿切线方向切入切出。若内轮廓曲线不允许外延（如图 2-2-14），刀具只能沿内轮廓曲线的法向切入切出，此时刀具的切入切出点应尽量选在内轮廓曲线两几何元素的交点处。

如图 2-2-14 所示，铣削内圆弧时也要遵循从切向切入的原则，最好安排从圆弧过渡到圆弧的加工路线，如图 2-2-15 所示，这样可以提高内孔表面的加工精度和加工质量。

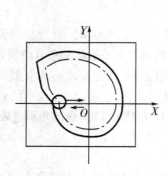

图 2-2-14　内轮廓加工刀具的切入和切出过渡

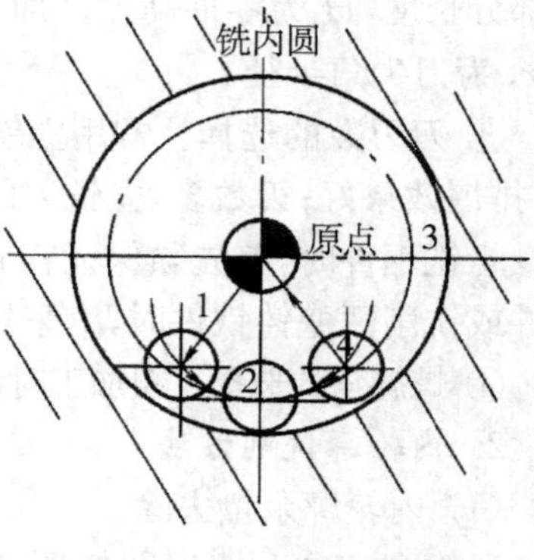

图 2-2-15　铣削内圆
注：走刀路线为 1-2-3-4-5

当内部几何元素相切无交点时（如图 2-2-16），为防止刀具在轮廓拐角处留下凹口，如图 2-2-16（a）所示，刀具切入切出点应远离拐角，如图 2-2-16（b）所示。

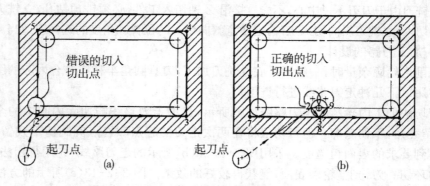

图 2-2-16　无交点内轮廓加工刀具的切入和切出

（3）内轮廓加工和挖槽时的下刀方式

对于封闭型腔零件的加工，下刀方式主要有垂直下刀、螺旋下刀和斜线下刀三种。

① 垂直下刀。小面积切削和零件表面粗糙度要求不高的情况，采用键槽铣刀直接垂直下刀并进行切削的方式；大面积切削和零件表面粗糙度要求较高的情况，先采用键槽铣刀（或钻头）垂直进刀，预钻起始孔后，再换多刃立铣刀加工型腔。

② 螺旋下刀。如图 2-2-17 所示，通过铣刀刀片的侧刃和底刃的切削，避开刀具中心无切削刃部分与工件的干涉，使刀具沿螺旋朝深度方向渐进，从而达到进刀的目的。

③ 斜线下刀。如图 2-2-18 所示,斜线下刀时刀具使用 X/Y 和 Z 方向的线性坡走切削,以达到全部轴向深度的切削。

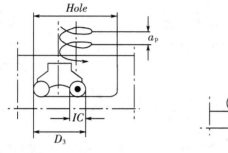

图 2-2-17　螺旋下刀

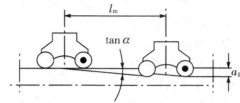

图 2-2-18　斜线下刀

3. 螺旋线插补编程

功能:在圆弧插补时,垂直插补平面的直线轴同步运动,构成螺旋线插补运动,如图 2-2-19 所示。G02、G03 分别表示顺时针、逆时针螺旋线插补,判断方向的方法同圆弧插补。

格式:

XY 平面螺旋线:$G17 \begin{Bmatrix} G02 \\ G03 \end{Bmatrix} X\_\ Y\_\ Z\_\ \begin{Bmatrix} I\_\ J\_ \\ R\_ \end{Bmatrix} K\_\ F\_\ ;$

ZX 平面圆弧螺旋线:$G18 \begin{Bmatrix} G02 \\ G03 \end{Bmatrix} X\_\ Y\_\ Z\_\ \begin{Bmatrix} I\_\ K\_ \\ R\_ \end{Bmatrix} J\_\ F\_\ ;$

YZ 平面圆弧螺旋线:$G19 \begin{Bmatrix} G02 \\ G03 \end{Bmatrix} X\_\ Y\_\ Z\_\ \begin{Bmatrix} J\_\ K\_ \\ R\_ \end{Bmatrix} I\_\ F\_\ ;$

说明:以 G17 为例。

式中:G02、G03 为螺旋线的旋向,其定义同圆弧;X、Y、Z 为螺旋线的终点坐标;I,J 为圆弧圆心在 $X-Y$ 平面上 X、Y 轴上相对于螺旋线起点的坐标;R 为螺旋线在 $X-Y$ 平面上的投影半径;K 为螺旋线的导程。另两式的意义类同,见图 2-2-19 所示。

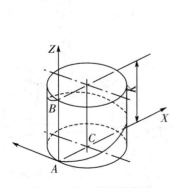

图 2-2-19　螺旋线插补

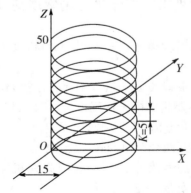

图 2-2-20　螺旋线插补示例

如图 2-2-20 所示螺旋线,其程序为:

G17 G03 X0. Y0. Z50. I15. J0. K5. F100

或 G17 G03 X0. Y0. Z50. R15. K5. F100

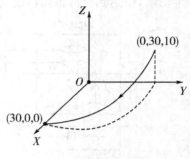

【例 2-2-2】 使用 G02 对图 2-2-21 所示的螺旋线编程,起点在(0,30,10),螺旋线终点(30,0,0),假设刀具最初在螺旋线起点。

用 G90 方式编程如下:

G90 G17 G02 X30 Y0 Z0 R30 F200;

用 G91 方式编程如下:

G91 G17 G02 X30 Y - 30 Z - 10 R30 F200;

图 2-2-21   螺旋线插补

三、零件铣削加工

1. 开机

开机的操作步骤如下:检查气压是否达到规定要求,润滑油量是否充足→打开机床总电源开关→打开 NC 电源开关→释放急停旋钮→进行机床回零操作。

2. 装夹工件

工件的安装应根据工件的定位基准的形状和位置合理选择装夹定位方式,选择简单实用但安全可靠的夹具。在实际生产中需注意以下几点:

① 定位夹具应有较高的刚性,以便能承受大的切削力,在一次装夹下完成粗铣、粗镗等粗加工工序和精铣、精镗等精加工工序。

② 夹具结构紧凑,为加工刀具留有足够的空间,避免干涉。

③ 定位夹紧迅速方便,优先使用组合夹具。

(1) 安装机用平口钳

机用平口钳适用于装夹尺寸较小,形状很规则的工件。使用平口钳装夹工件首先应将平口钳安装在机床工作台上,并进行定位,一般使钳口平行于某一移动轴(如 X 轴),具体操作步骤如下。

① 检查平口钳的定位键是否安装,宽度尺寸与机床工作台 T 形槽宽度是否匹配。

② 用棉纱擦干净平口钳底部和机床工作台。

③ 将平口钳安装在工作台的适当位置,注意不要超出机床行程范围,定位键嵌入工作台 T 形槽,然后用螺栓固定。

④ 松开两个钳口回转固定螺栓。

⑤ 用磁性表座将百分表吸附在机床主轴头上,如图 2-2-22 所示。

⑥ 手动移动各轴使百分表表头接触

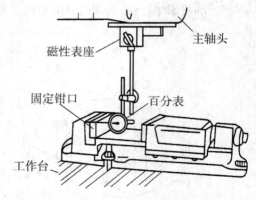

图 2-2-22   平口钳调整

平口钳的固定钳口表面,并使指针转动一定行程。

⑦ 移动工作台(如 X 轴),观察指针的摆动,轻轻敲打平口钳,保证固定钳口与机床 X 轴方向平行,最后用扳手将螺栓拧紧。

(2) 在平口钳上安装工件

在平口钳上安装工件的操作步骤如下。

① 用棉纱擦干净平口钳钳口和底平面(或用压缩空气吹扫)。

② 用等高垫块将工件垫起,保证工件上表面突出钳口一定高度,保证铣削加工时刀不碰到钳口,注意垫块应避开通孔加工的位置;工件的一个基准面靠紧平口钳的固定钳口。

③ 用扳手轻轻夹紧工件。

④ 用木榔头敲打工件上表面,保证工件紧贴所有垫块。

⑤ 用扳手用力夹紧工件。

3. 安装刀具

数控刀具的结构和刀柄的联结形式多种多样,装夹刀具时应根据刀具的结构形式选择对 应的刀柄。装夹刀具时应该首先测量刀具的实际尺寸,特别是铰刀需要用千分尺精确测量,以确保所选用的刀具符合加工的要求。刀具装夹部分通常有直柄和锥柄两种形式。直柄一般适用于较小的麻花钻、立铣刀等刀具,切削时借助夹紧时所产生的摩擦力传递扭转力矩。直柄铣刀一般采用弹簧夹头刀柄或侧固式刀柄进行装夹,直柄的钻头可以采用钻夹头刀柄,如图 2-2-23 所示。锥柄靠锥度承受轴向推力,并借助摩擦力传递扭矩。锥柄能传递较大的切削载荷,适用于直径较大的钻头和铣刀,根据刀具柄部锥度号(莫氏锥度)选择对应的刀柄。丝锥一般是方柄,所以装夹丝锥时应使用专用的丝锥刀柄。

使用弹簧夹头刀柄装夹直柄刀具须注意以下问题。

① 每个规格的弹簧夹头都有装夹的尺寸范围,必须根据刀具柄部尺寸选择合适的弹簧夹头,否则容易造成弹簧夹头的损坏。

(a)钻夹头刀柄常用的刀柄　　(b)侧固式刀柄　　(c)弹簧夹头刀柄

图 2-2-23　直柄刀具常用的刀柄

② 装夹刀具时,应先擦干净夹头和刀具柄部的油污,特别是新刀具表面的防锈油,否则容易造成刀具偏心或夹紧力不够。

③ 刀具的装夹部分应保证一定的长度,以保证有足够的夹紧力。

④ 对于直柄铣刀,刀具伸出的长度不宜过长,以满足加工要求为好。

4. 对刀

（1）X、Y 向对刀

X、Y 向对刀常用的方法有塞尺对刀、试切对刀、寻边仪对刀和采用杠杆百分表（或千分表）对刀等。

① 塞尺对刀

塞尺对刀操作步骤可参见本教材工作模块二项目一。

② 试切对刀

试切对刀适合于对刀精度要求不高、对刀基准为毛坯面的情况。对刀时直接采用加工时所使用的刀具进行试切对刀，具体步骤如下：

a. 将刀具（一般为铣刀）装在主轴上，使主轴中速正向旋转。

b. 手动移动各轴，使刀具沿 X 轴或 Y 轴方向靠近被测基准边，直到刀具的侧刃稍微接触到工件（以听到刀刃与工件的摩擦声为准，最好没有切屑）。

c. 保持 X、Y 坐标值不变，将刀具沿 Z 轴正向离开工件。

d. 依次按"OFFSET SETTING"键"SETTING"水平软键进入工件偏置数据设置界面（如图 2-2-24 所示），将光标移到需要设置的位置（如 G54 的 X 坐标），键入当前机床坐标的 X 值（可以按"POS"键显示当前的机床坐标值），按 INPUT 键（注意不是 INSERT 键），将该值输入到工件偏置寄存器中，在该值的基础上再加上或减去一个刀具的半径值，得到新的值即为被测基准边在机床坐标系中的坐标值（基准边位于刀具中心的正向为加，负向为减）。

```
工作坐标系设定                                          O0008 N0000
(G54)
番号        数据            番号            数据
00          X 0.000         02              Y-301.256
(EXT)       Y0.000          (G55)           Y-372.568
            Z 0.000                         Z-278.368
01          X-563.25        03              X-401.266
(G54)       Y-63.25         (G56)           Y-72.560
            Z-251.325                       Z-275.348
>_                                          OS 100% L 0%
HND * * * * * * * * * *          13：23：46
 (补正)    (SETTING)      (C. 输入)    (＋输入)  (输入)
```

图 2-2-24 工件偏置数据设置界面

以图 2-2-25 为例来说明该工件坐标系的测量方法。

该工件坐标系的原点位于毛坯的左下角点，刀具试切左侧基准边，刀刃接触到工件后将刀具沿 Z 轴正向离开工件，按"OFFSET SETFING"键和"SETTING"水平软键进入工件偏置数据设置界面（如图 2-2-24 所示），将光标移到需要设置的位置（如 G54 的 X 坐标），键入当前机床坐标的 X 值（可以按"POS"键显示当前的机床坐标值），按 INPUT 键。由于当前刀具中心与工件坐标系原点 A 距离一个刀具半径值 $D/2$（如图 2-2-25 所示），即实际对刀时刀具中心还需向工件坐标系原点方向移动 $D/2$ 距离，因此工件坐标系的偏置值应在当前值的基础上加上 $D/2$ 值。操作方法是：输入 $D/2$ 具体数值，然后按"＋输入"水平软键，系统自动在原有数值的基础上加上该数值。Y 轴方向可以试切下方基准边，方法同上。

　　若工件坐标系的原点为 B 点（如图 2-2-25 所示），对刀操作方法基本相似，但由于工件坐标系的原点距离试切的基准边有一定距离 $X1$ 和 $Y1$，因此设置工件偏置数据 X 时还应加上数值 $X1$，设置工件偏置数据 Y 时还应加上数值 $Y1$。

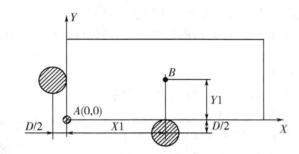

图 2-2-25　工件坐标系的测量举例

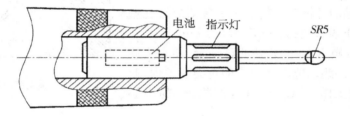

图 2-2-26　电子感应式寻边仪

　③ 寻边仪对刀

　　寻边仪目前常用的有偏心式寻边仪和电子感应式寻边仪两种。

　　电子感应式寻边仪的基本结构如图 2-2-26 所示，它的对刀操作较简便，具体方法是：将寻边仪装在主轴上，手动移动各轴，缓慢地将测头靠近被测基准边，直至指示灯亮，调低倍率，采用微动进给，使测头离开工件直至指示灯刚刚熄灭。记下当前的机床坐标值 X 值或 Y 值，加上或减去一个测头半径值（通常为 5 mm），得到的即为被测基准边的坐标值，操作方法同试切对刀。

　　偏心式寻边仪的基本结构如图 2-2-27 所示，它是由固定轴和浮动轴两部分组成，中间用弹簧相连，采用离心力的原理来确定工件的位置的。用它

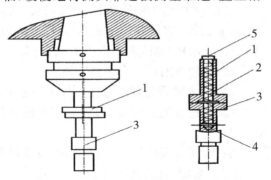

图 2-2-27　偏心式寻边仪的基本结构

还可以在线检测零件的长度、孔的直径和沟槽的宽度。

用偏心式寻边仪进行对刀的具体步骤为：

a. 将偏心式寻边仪装在刀柄上，然后装到主轴上。

b. 在 JOG 方式下，启动主轴以中速旋转（500～600 rpm）。

c. 手动移动各轴，缓慢地将测定端靠近被测基准边，测定端将由摆动逐步变成同心旋转。

d. 调低进给倍率档，采用微动进给，直到测定端重新出现偏心。

e. 记下当前机床 X 轴的或 Y 轴的坐标值，加上或减去一个浮动轴的半径值，得到的即为被测基准边的坐标值。操作方法同试切对刀。

使用偏心式寻边仪进行对刀，被测基准面最好具有较低的表面粗糙度位，否则影响对刀的精度。

④ 采用（或千分表）对刀

杠杆百分表对刀只适合于对刀点是孔或圆柱的中心。其对刀的具体方法如下：

a. 用磁性表座将杠杆百分表吸附在机床主轴的端面上，如图 2-2-28 所示，在 JOG 方式下，启动主轴以低速旋转。

b. 手工移动各轴使旋转的表头逐渐靠近孔壁或圆柱面，压下表头使指针转动约 0.1 mm。

c. 逐渐减慢 X 轴和 Y 轴的移动量，使表头旋转一周时指针的跳动范围在允许的对刀误差内，此时可以认为主轴的轴线与孔（或圆柱面）的中心重合。

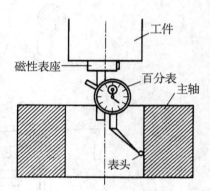

图 2-2-28　采用杠杆百分表对刀

d. 记下此时机床坐标系中 X 和 Y 的坐标值，该值即为 G54 或 G55 等指令所建立的工件坐标系的偏置值。若采用 G92 指令建立工件坐标系，保持 X 轴和 Y 轴当前位置不变，进入 MDI 方式，执行 G92 X0 Y0 的指令。

这种操作方法对刀精度高，但对被测孔（或圆柱面）表面粗糙度的要求也较高。

（2）Z 向对刀

Z 向对刀也有很多方法，如试切法、采用 Z 向设定器、对刀块、塞尺等。下面以采用 Z 向设定器（图 2-2-29所示）为例说明 Z 向对刀的过程。

① 将加工所用刀具装到主轴上。

② 将 Z 轴设定器放置在工件上平面上。

③ 快速移动主轴，让刀具端面靠近 Z 轴设定器上表面。

④ 改用微调操作，让刀具端面慢慢接触到 Z 轴设定器上表面，直到其指针指示到零位。

⑤ 记下此时机床坐标系中的 Z 值，如-250.800。

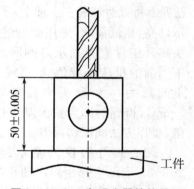

图 2-2-29　Z 向设定器的使用

⑥ 设 Z 轴设定器的高度为 50 mm,当工件坐标系原点设在工件上平面时,该原点在机械坐标系中的 Z 坐标值为－250.800－50＝－300.800;若工件坐标系原点设在工件下平面时,Z 坐标值还要减去工件高度。

⑦ 将原点在机械坐标系中的 Z 坐标值输入到工件偏置数据设置界面(如 G54 的 Z 坐标)。

在对刀操作过程中需注意以下问题:

① 根据加工要求采用正确的对刀工具,控制对刀误差。

② 在对刀过程中,可通过改变微调进给量来提高对刀精度。

③ 对刀时需小心谨慎操作,尤其要注意移动方向,避免发生碰撞危险。

④ 对刀数据一定要存入与程序对应的存储地址,防止因调用错误而产生严重后果。

工具补正				O0008 N0000
番号	形状(H)	磨耗(H)	形状(D)	(磨耗)(D)
001	0.000	0.000	0.000	0.000
002	－215.600	0.000	0.000	0.000
003	－157.565	0.000	0.000	0.000
004	－215.632	0.000	0.000	0.000
005	－333.526	0.000	0.000	0.000

现在位置(相对坐标)

X 609.490 　　　　　Y 259.200

Z 270.000

>_　　　　　　　　　　　　　　　　OS 100% L 0%

JOG ＊ ＊ ＊ ＊ ＊ ＊ ＊ ＊ ＊　　　13：23：46

(NO 检索)　(　　)　　(C. 输入)　(＋输入)　(输入)

图 2-2-30　刀具补正数据设置界面

5. 刀具补偿值的输入和修改

依次按"OFFSETSETTING"键和"补正"水平软键进入工具补正数据设置界面,如图 2-2-30 所示。根据刀具的实际尺寸和位置,将刀具半径补偿值和刀具长度补偿值输入到与程序对应的存储位置。

刀具补偿值的正确与否直接影响到加工过程的安全和工件的加工结果,因此刀具补偿值务必做到和所使用的刀具相对应。在实际加工中,建议刀具补偿号最好与刀具号一致,以免造成混乱。

【巩固提高】

1. 加工图 2-2-31 所示零件上的 4 个相同尺寸的长方形槽,槽深 2 mm,槽宽 10 mm,未注圆角 R5,铣刀直径 φ10 mm,试用子程序编程。

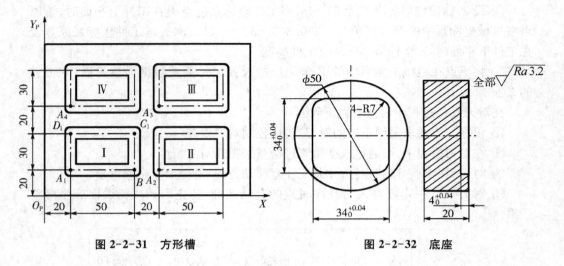

图 2-2-31 方形槽   图 2-2-32 底座

2. 试使用 ϕ14 mm 高速钢立铣刀(3 齿)加工图 2-2-32 所示零件,毛坯为 ϕ50 mm×20 mm 的圆盘(上、下面和圆柱面已加工好),材料为 45 钢,单件生产。要求:

① 型腔去余量走刀路线如图 2-2-33 所示。刀具在 1 点螺旋下刀(螺旋半径为 6 mm),再从 1 点至 2 点,采用行切法去余量。

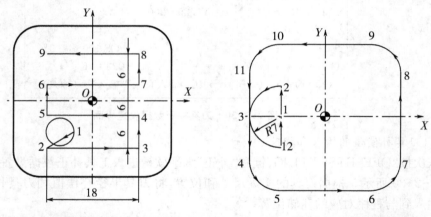

图 2-2-33 内轮廓去余量走刀路线   图 2-2-34 内轮廓加工走刀路线

② 内轮廓加工走刀路线如图 2-2-34 所示。刀具在 1 点下刀后,再从 1 点→2 点→3 点→4 点→……采用环切法加工型腔轮廓。

项目三　数控铣削凹半球曲面

【工作任务】

加工图 2-3-1 所示的凸球面,毛坯为 50 mm×50 mm×40 mm 长方块(六面均已加工),材料为 45 钢,单件生产。

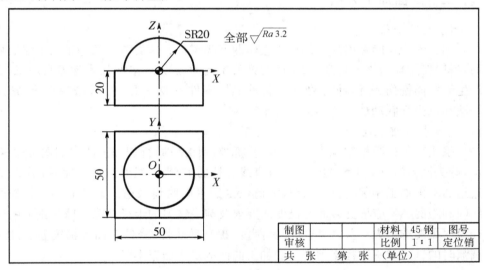

图 2-3-1　凸球面

【学习目标】

1. 了解数控铣床宏程序的应用,掌握数控宏指令编程技巧。

2. 通过对含有规则公式曲面的零件的数控铣削编程与加工,掌握数控铣床加工该类零件的主要步骤和方法。

3. 能对加工质量进行分析处理。

一、曲面加工刀具

对于一些立体型面和变斜角轮廓外形的加工,常用的刀具有球头铣刀、环形铣刀、鼓形铣刀、锥形铣刀和盘铣刀,如图 2-3-2 所示。球头铣刀适合于仿形铣和曲面铣,当加工曲面较平坦部位时,刀具以球头顶端刃切削,切削条件较差,此进应采用环形刀(圆鼻刀)。在单件或小批量生产中,为取代多坐标联动机床,常采用鼓形刀或锥形刀来加工一些变斜角零件,其效率比用球头铣刀高近 10 倍,并可获得好的加工精度。

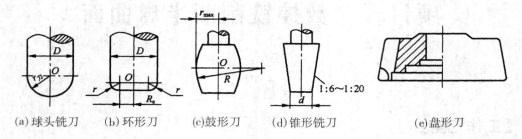

| (a)球头铣刀 | (b)环形刀 | (c)鼓形刀 | (d)锥形铣刀 | (e)盘形刀 |

图 2-3-2　曲面加工常用的刀具

二、曲面加工方法

1. 走刀方式

加工面为空间曲面的零件称为立体曲面类零件。这类零件的加工面不能展成平面,一般使用球头铣刀切削,加工面与铣刀始终为点接触,若采用其他刀具加工,易于产生干涉而铣伤邻近表面。加工立体曲面类零件一般使用三坐标数控铣床,常用行切法和三坐标联动法进行加工。

(1) 行切加工法

采用三坐标数控铣床进行二轴半坐标控制加工,即行切加工法。如图 2-3-3 所示,球头铣刀沿 XY 平面的曲线进行直线插补加工,当一段曲线加工完后,沿 X 方向进给 ΔX 再加工相邻的另一曲线,如此依次用平面曲线来逼近整个曲面。相邻两曲线间的距离 ΔX 应根据表面粗糙度的要求及球头铣刀的半径选取。球头铣刀的球半径应尽可能选得大一些,以增加刀具刚度,提高散热性,降低表面粗糙度值。加工凹圆弧时的铣刀球头半径必须小于被加工曲面的最小曲率半径。

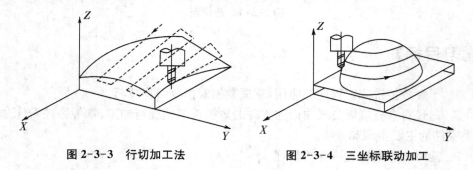

图 2-3-3　行切加工法　　　　　图 2-3-4　三坐标联动加工

(2) 三坐标联动加工

采用三坐标数控铣床三轴联动加工,即进行空间直线插补。如半球形,可用行切加工法加工,也可用三坐标联动的方法加工。这时,数控铣床用 X、Y、Z 三坐标联动的空间直线插补,实现球面加工,如图 2-3-4 所示。

2. 确定行距与步长

无论采用三坐标还是两坐标联动铣削,均需计算或确定行距与步长。

(1) 行距 S 的计算方法

由图 2-3-5(a)可以看出,行距 S 的大小直接关系到加工后曲面上残留沟纹高度 h(图上为 CE)的大小。如果 S 大了则表面粗糙度大,无疑将增大钳修工作难度及零件加工最终精度;但如果 S 选得太小,虽然能提高加工精度,减少钳修困难,但程序太长,占机加工时间成倍增加,效率降低。因此,行距 S 的选择应力求做到恰到好处。

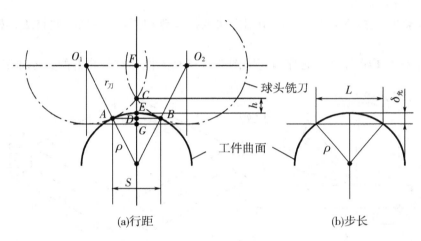

(a)行距　　　　　　　　　　　　　　(b)步长

图 2-3-5　行距与步长的计算

一般来说,行距 S 的选择取决于铣刀半径 $r_刀$ 及所要求或允许的刀峰高度 h 和曲面的曲率变化情况。如果从工艺角度考虑,在粗加工时,行距 S 可选得大一些,精加工时选得小一些。有时为了减少刀峰高度 h,也可以在原来的两行距之间(刀峰处)加密行切一次,即进行一次去刀峰处理,这样相当于将 S 减小一半,实际效果更好些。

具体选择时,可考虑用下列方法来进行:

① 当球刀半径 $r_刀$ 与曲面上曲率半径相差较大,并且为达到一定的表面粗糙度要求及 h 较小时,则行距 $S = \dfrac{2\sqrt{h(r_刀 - h) \cdot \rho}}{\rho \pm r_刀}$。

上式中,当零件曲面在 AB 段内是凸时取正号,凹时取负号。

② 如果零件曲面上各点的曲率变化不太大,可取曲率最大处作为标准计算。有时为了避免曲率计算的麻烦,也可用近似公式来计算行距 $S \approx 2\sqrt{2r_刀 h}$。

(2) 确定步长 L

步长 L 的确定方法与平面轮廓曲线加工时步长的计算方法相同,取决于曲面的曲率半径与插补误差 δ_k(其值应小于零件加工精度)。如设曲率半径为 ρ,见图 2-3-5(b)。则

$$L = 2\sqrt{\delta_允(2P - \delta_允)} \approx 2\sqrt{2P\delta_k}。$$

实际应用时，可按曲率最大处近似计算，然后用等步长法编程，这样做要方便得多。此外，若能将曲面的曲率变化划分几个区域，也可以分区域确定步长，而各区域插补段长度不相等，这对于在一个曲面上存在若干个凸出或凹陷面（即曲面有突出区）的情况是十分必要的。由于空间曲面一般比较复杂，数据处理工作量大，涉及的许多计算工作是人工无法承担的，通常需用计算机进行处理，最好是采用自动编程的方法。

三、数控铣床宏程序

1. 宏程序应用

FANUC 数控铣床宏程序的调用方法数控车床相同，请参见本教材工作模块一项目六。

【例 2-3-1】　试用宏程序编写如图 2-3-6 所示圆弧点阵孔群的数控加工程序。

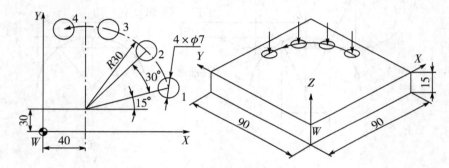

图 2-3-6　圆弧点阵孔群加工

选择工件上表面左下角为工件坐标系原点，刀具为 $\phi7$mm 的麻花钻。参考程序如表 2-3-1 所示。

表 2-3-1　圆弧孔群加工程序

O9001	程序号
N10 G54 G90 G17 G40 G80 G49 G21	设置初始状态
N20 M03 S500	启动主轴
N30 G00 X0 Y0	回编程原点
N40 G00 Z50 M08	安全高度，打开冷却液
N50 ♯1＝40	圆弧中心的 X 坐标值
N60 ♯2＝30	圆弧中心的 Y 坐标值
N70 ♯3＝30	圆弧半径
N80 ♯4＝15	第一个孔的起始角
N90 ♯5＝4	圆周上孔数

（续表）

O9001	程序号
N100 ♯6＝30	均布孔间隔度数
N110 ♯7＝−20	最终钻孔深度
N120 ♯8＝4	接近加工表面安全距离
N130 ♯9＝60	钻孔进给速度
N140 ♯100＝1	赋孔计数器初值
N150 ♯30＝♯3 * COS［♯4］	圆弧中心到圆弧上任意孔中心的横坐标值
N160 ♯31＝♯1＋♯30	圆弧上任意孔中心的 X 坐标
N170 ♯32＝♯3 * SIN［♯4］	圆弧中心到圆弧上任意孔中心的纵坐标值
N180 ♯33＝♯2＋♯32	圆弧上任意孔中心的 Y 坐标
N190 G81 X♯31 Y♯33 Z♯7 R♯8 F♯9	调用固定循环指令钻孔
N200 ♯100＝♯100＋1	孔计数器加 1
N210 ♯4＝♯4＋♯6	孔位置角度叠加一个角度均值
N220 IF［♯100 LE 4］GOTO 150	如果♯100 小于等于 4,则返回
N230 G80 G00 Z100 M09	取消孔加工固定循环,快速抬刀,并关闭冷却液
N240 M05	主轴停
N250 M30	程序结束

【例 2-3-2】　加工如图 2-3-7 所示椭圆凸台,试编写出其精加工宏程序。

（1）椭圆的参数方程

如图 2-3-7 所示,椭圆上任意点 P 的参数方程为:

$$x = a \times \cos\alpha$$

$$y = b \times \sin\alpha$$

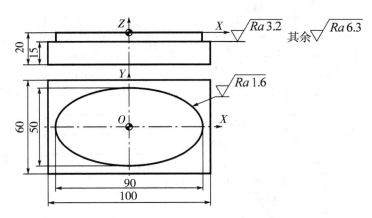

图 2-3-7　椭圆加工

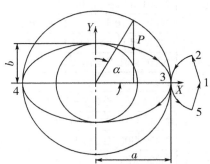

图 2-3-8　椭圆加工走刀路线

（2）椭圆的加工路线：1→2→3→4→3→5→1，如图 2-3-8 所示。椭圆加工时，图 2-3-8 中各点坐标如表 2-3-2 所示。

表 2-3-2　椭圆加工基点坐标

1	(65,0)	2	(60,15)	3	(45,0)
4	(−45,0)	5	(60,−15)		

（3）参考程序

选择工件上表面中心为工件坐标系原点，刀具为 $\phi25$ mm 的立铣刀（高速钢）。参考程序如表 2-3-3 所示。

表 2-3-3　椭圆凸台加工程序

O9002	程序号
N10 G54 G90 G17 G40 G80 G49 G21	设置初始状态
N20 M03 S300	启动主轴
N30 G00 X0 Y0	回编程原点
N40 G00 Z50 M08	安全高度，打开冷却液
N50 ♯10＝−0.5	角度步长
N60 ♯11＝360	初始角度
N70 ♯12＝0	终止角度
N80 ♯13＝45	长半轴
N90 ♯14＝25	短半轴
N100 ♯15＝−5	加工深度
N110 G00 X65 Y0	刀具快速运行到点 1
N120 G00 Z10	快速下刀到参考高度
N130 G01 Z[♯15] F80	刀具下到−5mm
N140 G41 G01 X60 Y15 D01 F100	点 1→点 2，建立刀具半径补偿
N150 G03 X45 Y0 R15	点 2→点 3，圆弧切入
N160 ♯20＝♯11	赋初始值
N170 WHILE[♯20 GT ♯12] D01	如果♯20 大于♯12，循环 1 继续
N180 ♯20＝♯20＋♯10	变量♯20 增加一个角度步长
N190 ♯16＝♯13＊COS[♯20]	计算 X 坐标值
N200 ♯17＝♯14＊SIN[♯20]	计算 Y 坐标值
N210 G01 X♯16 Y♯17	运行一个步长
N220 END1	循环 1 结束
N230 G03 X60 Y−15 R15	点 3→点 5，圆弧切出
N240 G40 G01 X60Y0	点 5→点 1，取消刀具半径补偿
N250 G00 Z100 M09	快速提刀，并关闭冷却液
N260 M05	主轴停
N270 M30	程序结束

　2. 编写凸球面加工程序

（1）球面加工的走刀路线和进刀控制算法分析

　①球面加工的走刀路线。球面加工一般采用分层铣削的方式,即利用一系列水平面截球面所形成的同心圆来完成走刀。在进刀控制上有从上向下进刀和从下向上进刀两种,一般应使用从下向上进刀来完成加工,此时主要利用铣刀侧刃切削,表面质量较好,端刃磨损较小,同时切削力将刀具向欠切方向推,有利于控制加工尺寸。

　②进刀控制算法。对立铣刀加工,曲面加工是刀尖完成的,当刀尖沿圆弧运动时,其刀具中心运动轨迹也是一等径的圆弧,只是位置相差一个刀具半径,如图2-3-9(a)所示。

　对球头刀加工,曲面加工是球刃完成的,其刀具中心是球面的同心球面,半径相差一个刀具半径,如图2-3-9(b)所示。

　当采用等高方式逐层切削时,先根据允许的加工误差和表面粗糙度,确定合理的Z向进刀量,再根据给定加工深度Z,计算加工圆的半径,即:$r=\sqrt{R^2-Z^2}$,如图2-3-9(c)所示。

　当采用等角度方式逐层切削时,先根据允许的加工误差和表面粗糙度,确定两相邻进刀点相对球心的角度增量,再根据角度计算进刀点的r和Z值,即$Z=R\times\sin\theta$,$r=R\times\cos\theta$,如图2-3-9(c)所示。

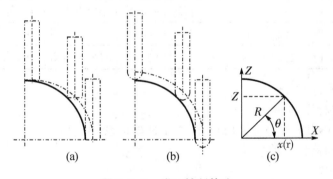

图 2-3-9　进刀控制算法

（2）加工工艺的确定

　①分析零件图样。该零件要求加工的只是凸球面及四方底座的上表面,其表面粗糙度R_a3.2 μm,无其他要求。

　②工艺分析

　a. 加工方案的确定。根据表面粗糙度R_a3.2 μm要求,凸球面的加工方案为粗铣→精铣;四方底座上表面的加工方案为粗铣→精铣。

　b. 确定装夹方案。选用平口虎钳装夹,工件上表面高出钳口约24 mm。

　c. 确定加工工艺。加工工艺见表2-3-4。

　d. 刀具及切削参数的确定

　刀具及切削参数见表2-3-5。

表 2-3-4　数控加工工序卡

数控加工工艺卡片			产品名称	零件名称	材　料		零件图号	
					45 钢			
工序号	程序编号	夹具名称	夹具编号	使用设备		车　　间		
		虎钳						
工步号	工　步　内　容		刀具号	主轴转速 (r/min)	进给速度 (mm/min)	背吃刀量 (mm)	侧吃刀量 (mm)	备注
1	粗铣圆柱 φ41		T01	300	80	10		
2	粗加工凸球面		T01	300	120	2		
3	精加工凸球面		T02	1600	200			
4	精铣台阶面		T02	1600	200	0.5		

表 2-3-5　数控加工刀具卡

数控加工 刀具卡片		工序号	程序编号	产品名称	零件名称	材　料		零件图号	
						45			
序号	刀具号	刀具名称		刀具规格(mm)		补偿值(mm)		刀补号	备注
				直径	长度	半径	长度	半径　长度	
1	T01	立铣刀(3 齿)		20	实测		实测		高速钢
2	T02	立铣刀(4 齿)		20	实测	10	实测	D01	硬质合金

（3）参考程序编制

① 工件坐标系的建立

以球面中心为工件坐标系原点，建立工件坐标系。

② 基点坐标计算（略）

③ 参考程序

凸球面粗加工使用平底立铣刀，自上而下以等高方式逐层去除余量，每层以 G03 方式走刀，相关参数见图 2-3-10，参考程序见表 2-3-6。

表 2-3-6　粗加工参考程序

主　程　序	
程序	说明
O9003	主程序名
N10 G54 G90 G17 G40 G80 G49 G21	设置初始状态
N20 M03 S300	启动主轴
N30 G00 X30.5 Y-40	快速进给至粗铣圆柱 φ41 下刀位置
N40 G00 Z100	安全高度

（续表）

主　程　序	
N50 G00 Z25 M08	接近工件，同时打开冷却液
N60 G01 Z10 F80	下刀至 Z10 mm
N70 G01 Y0	直线切入
N80 G03 I - 30. 5	粗铣圆柱 φ41，深度为 10 mm
N90 G00 Z12	快速提刀
N100 Y - 40	快速进给至粗铣圆柱 φ41 下刀位置
N110 G01 Z0. 5 F80	下刀至 Z0.5 mm
N120 G01 Y0	直线切入
N130 G03 I - 30. 5	粗铣圆柱 φ41，深度为 19.5 mm
N140 G00 Z25	快速提刀
N150 G90 G00 X32 Y0	快进到凸球面粗加工下刀点
N160 G65 P9013 A20 B10 C2 J18	调用子程序 O9013
N170 G00 Z100 M09	快速提刀，并关闭冷却液
N180 M05	主轴停
N190 M30	程序结束

自变量赋值说明

♯1＝A	凸球面半径；	♯2＝B	立铣刀半径；
♯3＝C	Z 坐标每次递减量（Z 向层间距）；	♯5＝J	凸球面上点 P 的 Z 坐标；

子　程　序	
程序	说明
O9013	子程序名
N10WHILE［♯5 GT 0］DO1	如果♯5 大于 0，循环 1 继续
N20♯4＝SQRT［♯1 * ♯1－♯5 * ♯5］	凸球面上点 P 的 X 坐标
N30 G01 Z♯5 F80	Z 向下刀
N40 G01 X［♯4＋♯2＋0.3］F120	法向切入，留 0.3 mm 精加工余量
N50 G02 I-［♯4＋♯2＋0.3］	整圆加工
N60 G91 G00 Z2	相对提刀 2 mm
N70 G90 G00 X32 Y0	快进到下刀点
N80♯5＝♯5－♯3	Z 坐标♯5 每次递减♯3
N90END1	循环 1 结束
N100 M99	子程序结束返回

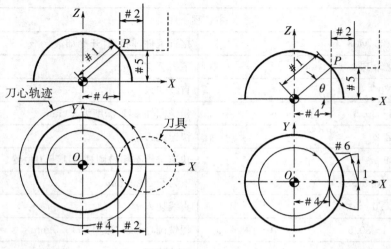

图 2-3-10　凸球面粗加工　　　　　图 2-3-11　凸球面精加工

　　凸球面精加工使用平底立铣刀,自下而上以等角度水平环绕方式逐层去除余量,每层以 G02 方式走刀,相关参数见图 2-3-11,参考程序见表 2-3-7。

表 2-3-7　精加工参考程序

主　程　序	
程序	说明
O9004	主程序号
N10 G54 G90 G17 G40 G80 G49 G21	设置初始状态
N20 M03 S1600	启动主轴
N30 G00 X30.5 Y40	快速进给至精铣圆柱 $\phi41$ 下刀位置
N40 G00 Z100	安全高度
N50 G00 Z5 M08	接近工件,同时打开冷却液
N60 G01 Z0 F80	下刀
N70 Y0 F200	Y 向直线切入
N80 G02 I-30.5	整圆加工,精铣台阶面
N90 G01 Y-5	Y 向直线切出
N100 G00 Z2	提刀
N110 G65 P9014 A20 B10 C1 K12 D0	调用子程序 O9014
N120 G00 Z100 M09	快速提刀,并关闭冷却液
N130 M05	主轴停
N140 M30	程序结束

（续表）

主　程　序	
自变量赋值说明	
♯1＝A　　凸球面半径；　　　　　　　　♯2＝B　　立铣刀半径； ♯3＝C　　角度每次递增量；　　　　　　♯6＝K　　圆弧进刀半径； ♯7＝D　　角度设为自变量,赋初始值。	
子　程　序	
程序	说明
O9014	子程序号
N10WHILE［♯7 LT 90］DO1	如果♯7小于90,循环1继续
N20♯4＝ ♯1＊COS［♯7］	凸球面上点 P 的 X 坐标
N30♯5＝ ♯1＊SIN［♯7］	凸球面上点 P 的 Z 坐标
N40 G00 X［♯4＋♯6］Y0	快进到1点(见图2-3-11)
N50 G01 Z♯5 F80	Z 向下刀
N60 G41 G01 Y♯6 D01 F200	走直线,建立刀具半径补偿
N70 G03 X♯4 Y0 R♯6	圆弧切向切入
N80 G02 I-♯4	整圆加工
N90 G03 X［♯4＋♯6］Y-♯6 R♯6	圆弧切向切出
N100 G40 G01 Y0	走直线,取消刀具半径补偿
N110♯7＝♯7＋♯3	角度♯7每次递增♯3
N120 G00 Z［♯5＋1］	相对当前高度快速提刀1 mm
N130END1	循环1结束
N140 M99	子程序结束返回

【巩固提高】

加工如图 2-3-12 所示的凹球面,毛坯为 100 mm×80 mm×40 mm 长方块(六面均已加工),材料为 45 钢,单件生产。

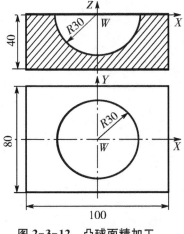

图 2-3-12　凸球面精加工

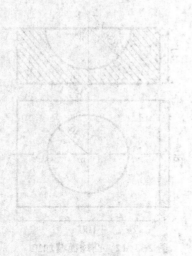

工作模块三 数控加工中心编程与加工

项目一 加工孔板

【工作任务】

孔板零件图如图 3-1-1 所示。毛坯尺寸 100 mm×80 mm×15 mm，材料为 45 钢。要求确定零件加工方案，编写零件的数控加工程序，完成零件的数控加工。

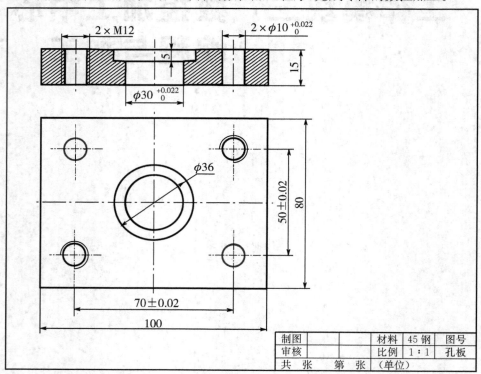

图 3-1-1 孔 板

【学习目标】

1. 熟悉数控加工中心的类型与特点，能正确选用数控加工中心。
2. 熟悉常用的孔加工刀具，能根据零件加工要求选用合适的孔加工刀具。
3. 熟悉常用的孔加工方法，能根据零件加工要求，选用恰当的孔加工方法。

4. 熟悉数控机床常用的孔加工编程指令,能根据零件加工要求,选用固定循环指令编写孔加工程序。

一、认识数控加工中心

数控加工中心把铣削、镗削、钻削、攻螺纹和切削螺纹等功能集中在一台设备上,使其具有多种工艺手段。数控加工中心与数控铣床、数控镗床的主要区别是:加工中心设置有刀库,刀库中存放着不同数量的各种刀具或检件,在加工过程中由程序自动选用和更换。

加工中心与同类数控机床相比结构复杂,控制系统功能较多。加工中心最少有三个运动坐标系,多的达十几个。其控制功能最少可实现两轴联动控制,实现刀具运动直线插补和圆弧插补;多的可实现五轴联动、六轴联动,从而保证刀具进行复杂加工。加工中心还具有不同的辅助机能,如各种加工固定循环、刀具半径自动补偿、刀具长度自动补偿、刀具破损报警、刀具寿命管理、过载超程自动保护、丝杠螺距误差补偿、丝杠间隙补偿、故障自动诊断、工件与加工过程图形显示、人机对话、工件在线检测和加工自动补偿、离线编程等,这些机能提高了加工中心的加工效率,保证了产品的加工精度和质量。

1. 数控加工中心的分类

(1) 按主轴在空间所处的状态分类

加工中心的主轴在空间处于垂直状态的称为立式加工中心,如图 3-1-2 所示;主轴在空间处于水平状态的称为卧式加工中心,如图 3-1-3 所示。主轴可作垂直和水平转换的,称为立卧式加工中心或五面加工中心,也称复合加工中心。

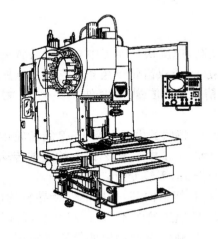

图 3-1-2 立式加工中心外形图

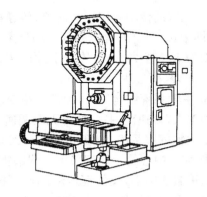

图 3-1-3 卧式加工中心外形图

(2)按加工中心立柱的数量分类

加工中心有单柱式和双柱式(龙门式),双柱式加工中心如图 3-1-4 所示。

(3) 按加工中心运动坐标数和同时控制的坐标数分类

加工中心有三轴二联动、三轴三联动、四轴三联动、五轴四联动、六轴五联动等等。三轴、四轴等等是指加工中心具有的运动坐标数,联动是指控制系统可以同时控制运动的坐标数、从而实现刀具相对工件的位里和速度控制。

（4）按工作台的数量和功能特征分类

加工中心有单工作台加工中心、双工作台加工中心和多工作台加工中心;复合、铣和钻削加工中心。

（5）按加工精度分类

加工中心有普通加工中心和高精度加

图 3-1-4　龙门式加工中心外形图

工中心。普通加工中心的分辨率为 $1\ \mu m$,最大进给速度为 $15\sim25\ m/min$,定位精度 $10\ \mu m$ 左右。高精度加工中心的分辨率为 $0.1\ \mu m$,最大进给速度为 $15\sim100\ m/min$,保证定位精度为 $2\ \mu m$ 左右。定位精度介于 $2\sim10\ \mu m$ 之间的,以 $\pm5\ \mu m$ 较多,可称为精密级。

2. 数控加工中心的结构

加工中心本身的结构分为两大部分:一是主机部分;二是控制部分。

主机部分主要是机械结构部分,包括床身、主轴箱、工作台、底座、立柱、横梁、,进给机构、刀库、换刀机构、辅助系统(气液、润滑、冷却)等。

控制部分包括硬件部分和软件部分。硬件部分包括计算机数字控制装置(CNC)、可编程序控制器(PLC)、输出输入设备、主轴驱动装置、显示装置。软件部分包括系统程序和控制程序。

加工中心的结构有如下特点:

① 机床的刚度高、抗振性好。

② 机床的传动系统结构简单,传递精度高,速度快。加工中心传动装置主要有三种,即滚珠丝杠副、静压蜗杆—蜗母条、预加载荷双齿轮—齿条。它们由伺服电动机直接驱动,省去齿轮传动机构,传递精度高,传递速度快。一般速度可达 $15\ m/min$,最高可达 $100\ m/min$。

③ 主轴系统结构简单,无齿轮箱变速系统(特殊的也只保留 $1\sim2$ 级齿轮传动)。主轴功率大,调速范围宽,并可无级调速。目前,加工中心 95% 以上的主轴传动都采用交流主轴伺服系统,速度可从 $10\sim20\,000\ r/min$,无级变速。

④ 加工中心的导轨都采用了耐磨损材料和新结构,能长期的保持导轨的精度,在高速重载切削下,又保证运动部件不振动,低速进给时不爬行及运动中的高灵敏度。导轨采用钢导轨,淬火硬度 $\geqslant57HRC$,与导轨配合面用聚四氟乙烯贴层。这样处理的优点是:摩擦系数小、耐磨性好、减振消声、工艺性好。

⑤ 设置有刀库和换刀机构,使加工中心的功能和自动化加工的能力更强了。

⑥ 控制系统功能较全。它不但可对刀具的自动加工进行控制,还可对刀库进行控制和管理,实现刀具自动交换。有的加工中心具有多个工作台,工作台可自动交换,不但能对一个工件进行自动加工,而且可对一批工件进行自动加工。这种多工作

合加工中心称为柔性加工单元。

3. 选用数控加工中心

（1）加工中心的工艺特点

加工中心与其他普通机床相比，具有许多显著的工艺特点。

① 加工精度高，质量好。在加工中心上加工，其工序高度集中，一次装夹可实现多方位的加工，避免工件多次装夹的位置误差，获得较高的相互位置精度。加工中心主轴转速和各轴进给量均采用无级调速，有的还具有自适应控制功能，在加工中能随加工条件的变化而自动调整最佳切削参数，得到更好的加工质量。

② 加工生产率高，经济效益好。用加工中心加工零件，一次装夹能完成多道工序和多方位加工，减少工件的搬运和装夹时间，生产效率明显提高。此外，加工中心一般具有位置补偿功能及较高的定位精度和重复定位精度，加工出来的零件一致性好，减少次品率和检验时间，这些都降低了零件的生产成本，从而获得良好的经济效益。

③ 自动化程度高，减轻操作者的劳动强度。在加工中心上加工零件时，除了预先用手工装夹毛坯，按顺序放好刀具外，都由机床自动完成，不需要人工干预。这大大减轻了操作者的劳动强度。

（2）加工中心的使用范围

加工中心的加工工艺有着许多普通机床无法比拟的优点，但加工中心的价格较高，一次性投入较大，零件的加工成本就随之升高。所以，要从零件的形状、精度要求、周期性等方面综合考虑，从而决定是否适合用加工中心加工。一般来说，加工中心适合加工以下几种类型的零件。

① 既需要加工平面又需要加工孔系的零件。既需要加工平面又需要加工孔系的零件是加工中心的首选加工对象。利用加工中心的自动换刀功能，使这类零件在一次装夹后就能完成其平面的铣削和孔系的加工，节约了装夹和换刀的时间，提高了零件的生产效率和加工精度。这类零件常见的有箱体类零件和盘、套、板类零件。

② 要求多工位加工的零件。这类零件一般外形不规则，且大多要点、线、面多工位混合加工。若采用普通机床，只能分成好几个工序加工，工序较多，时间较长。利用一些加工中心的多工位点、线、面混合加工的特点，可用较短的时间完成大部分甚至全部工序。

③ 结构形状复杂的零件。结构形状复杂的零件其加工面是由复杂曲线、曲面组成的，通常需要多坐标联动加工，在普通机床上一般无法完成，加工这类零件选择加工中心是最好的方法。典型的零件有凸轮类零件、整体叶轮类零件和模具类零件。

④ 加工精度要求较高的中小批量零件。加工中心具有加工精度高、尺寸稳定的特点。对加工精度要求较高的中小批量零件选择加工中心加工，容易获得要求的尺寸精度和形状位置精度，并可得到很好的互换性。

⑤ 周期性投产的零件。当用加工中心加工零件时，花在工艺准备和程序编制上的时间占整个工时的很大比例。对于周期性生产的零件，可以反复使用第一次的工艺参数和程序，大大缩短生产周期。

⑥ 需要频繁改型的零件。这类零件通常是新产品试制中的零件，需要反复试验

和改进。加工中心加工时,只需要修改相应的程序及适当调整一些参数,就可以加工出不同的零件形状,缩短试制周期,节省试制经费。

(3) 选用加工中心

① 立式加工中心。立式加工中心能完成铣削、镗削、钻削、攻螺纹和用刀切削螺纹等工序,立式加工中心最少是三轴二联动,一般可实现三轴三联动,有的可进行五轴、六轴控制,工艺人员可根据其同时控制的轴数确定该加工中心的加工范围。

立式加工中心立柱高度是有限的,确定 Z 轴的运动范围时要考虑工件的高度、工件夹具的高度、刀具的长度以及机械手换刀占用的空间。在考虑上述四种情况之后,立式加工中心对箱体类工件加工范围要减少,这是立式加工中心的弱点。但立式加工中心有下列优点:

a. 工件易装夹,可用通用的夹具如平口钳、压板、分度头、回转工作台等装夹工件,工件的装夹定位方便。

b. 易于观察刀具运动轨迹,调试程序检查测量方便,可及时发现问题,进行停机处理或修改。

c. 易建立冷却条件,切削液能直接到达刀具和加工表面。

d. 切屑易排除和掉落,避免切屑划伤加工过的表面。

e. 结构一般采用单柱式,它与相应的卧式加工中心相比,结构简单,占地面积小,价格较低。

立式加工中心最适合加工 Z 轴方向尺寸相对较小的工件,一般的情况下除底面不能加工外,其余五个面都可用不同的刀具进行轮廓和表面加工。

② 卧式加工中心。一般的卧式加工中心有三到五个坐标轴,常配有一个回转轴(或回转工作台),主轴转速在 $10\sim10\,000$ r/min 之内,最小分辨率一般为 $1\,\mu m$,定位精度为 $10\sim20\,\mu m$。卧式加工中心刀库容量一般较大,有的刀库可存放几百把刀具。卧式加工中心的结构较立式加工中心复杂,体积和占地面积较大,可对箱体(除顶面和底面之外)的四个面进行铣、镗、钻、攻螺纹等加工。箱体类零件上的一些孔和形腔有位置公差要求的(如孔系之间平行度、孔与端面的垂直度、端面与底面的垂直度等),以及孔和形腔与基准面(底面)有严格尺寸精度要求的,在卧式加工中心上通过一次装夹加工,容易得到保证,适合于批量工件的加工。卧式加工中心程序调试时,不如立式加工中心直观、容易观察,工件检查和测量不便,且对复杂零件的加工程序调试时间是正常加工的几倍,所以加工的工件数量越多,平均每件占用机床的时间越少,用卧式加工中心进行批量加工才合算。但它可实现普通设备难以达到的精度和质量要求,因此,一些精度要求高而其他设备无法达到其加工精度要求的工件,特别是一些空间曲面和形状复杂的工件,即使是单件生产,也可考虑在卧式加工中心上加工。卧式加工中心冷却条件不如立式的好,特别是对深孔的镗、铣、钻等,切削液难以到达切削深处。因此,必须降低机床的转速和进给量,从而降低了生产效率。与立式加工中心相比,卧式加工中心的功能多,在立式加工中心上加工不了的工件,在卧式加工中心上一般的都能加工。此外,卧式加工中心多配置有回转工作台,工件一次装夹可实现多个工位加工。

③ 多工作台加工中心。多工作台加工中心有时称为柔性加工单元(FMC)。它有两个以上可更换的工作台,通过运送轨道可把加工完的工件连同工作台(托盘)一起移出加工部位,然后把装有待加工工件的工作台(托盘)送上加工部位,这种可交换的工作台可设置多个,实现多工作台加工,实现在线装夹,即在进行加工的同时,下边的工作台进行装、卸工件;另外可在其他工作台上都装上待加工的工件,开动机床后,能完成对这一批工件的自动加工。工作台上的工件可以是相同的,也可以是不同的;这都可由程序进行处理。多工作台加工中心有立式的,也有卧式的。无论立式还是卧式,其结构都较复杂,刀库容量较大,机床占地面积大,控制系统功能较全。

④ 复合加工中心。复合加工中心也称多工面加工中心,是指工件一次装夹后,能完成多个面的加工的设备。现有的五面加工中心,它在工件一次装夹后,能完成除安装底面外的五个面的加工。这种加工中心兼有立式和卧式加工中心的功能,在加工过程中可保证工件的位置公差。常见的五面加工中心有两种形式,一种是主轴作90°或相应角度旋转,可成为立式加工中心或卧式加工中心;另一种是工作台带着工件作 90°旋转,主轴不改变方向而实现五面加工。图 3-1-5 为五坐标加工中心,图3-1-6为五面加工工作图。

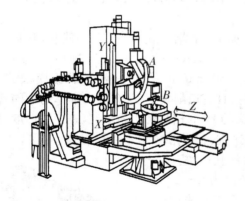

图 3-1-5　五坐标加工中心

图 3-1-6　五面加工

二、孔加工工艺

1. 孔加工刀具

根据孔的结构和技术要求不同,孔加工刀具可分为两大类,一类是对实体工件进行孔加工的刀具,如钻头、铰刀等;另一类是对工件上已有的孔进行半精加工和精加工的刀具,如镗刀等。

(1) 数控钻头

用钻头可在工件实体材料上进行钻孔加工。麻花钻是钻孔最常用的刀具,一般用高速钢制造。钻孔精度一般可达到 IT10~11 级,表面粗糙度为 R_a50~12.5,钻孔直径范围为 0.1~100 mm,钻孔深度变化范围也很大,广泛应用于孔的粗加工,也可作为不重要孔的最终加工。

　　① 整体式钻头

　　如图 3-1-7 所示,与普通的高速钢麻花钻比较,整体式硬质合金数控加工用钻头的钻尖切削刃由对称直线型改进为对称圆弧型($r=1/2D$),以增长切削刃、提高钻尖使用寿命;钻芯加厚,提高其钻削体刚度,用"S"型横刃(或螺旋中心刃)替代传统横刃,减小轴向钻削阻力,提高横刃寿命;采用不同顶角阶梯钻尖及负倒刃,提高分屑、断屑、钻孔性能和孔加工精度。

图 3-1-7　整体式硬质合金钻头　　　　图 3-1-8　可转位浅孔钻

　　② 机夹式钻头

　　钻尖采用长方异型专用对称切削刃,钻削力径向自成平衡的可转位刀片替代其他几何形状,以减小钻削振动,提高钻尖自定心性能,提高刀具使用寿命及加工精度。

　　随着被加工孔的特征不同,可转位钻头可分为可转位浅孔钻、可转位深孔钻和可转位套孔钻。

　　可转位浅孔钻(如图 3-1-8 所示)用于加工孔深径比为 2~2.5 的浅孔,其直径范围通常为 16~82 mm。直径 $\phi=16$ ~ 22 mm 的钻头一般制成单刃式,$d>17.5$ mm 的钻头通常制成双刃式;$\phi<60$ mm 的钻头一般制成非模块式,$\phi<60$ mm 的钻头通常制成模块式。这种钻头具有切削效率高(金属切削率约为同规格高速钢钻头的 3~8 倍,硬质合金焊接钻头的 2~5 倍)、加工质量好(表面粗糙度可达 63~32 μm)。适用于在数控机床及加工中心上钻孔、扩孔、锪孔、钻偏心孔。

　　当孔深与直径之比大于 5~10 时称为深孔。按孔深与孔径之比的大小,孔深又可分为三类:深径比为 5~20 时,称为一般深孔,常在普通钻床或车床上用深孔刀具或加长麻花钻加工;深径比为 20~30 时,称为中等深孔,常在普通车床上用深孔刀具加工;深径比为 30~100 时,称为特殊深孔,这类孔必须在深孔机床或专用设备上用深孔刀具加工。可转位深孔钻有:可转位内排屑深孔钻、可转位喷吸钻(如图 3-1-9所示)和内排屑深孔钻。

图 3-1-9　可转位喷吸钻

　　对直径大于 60 mm 的孔,为节约原材料或取样做性能分析,可采用可转位套料钻加工,从而减少加工余量、缩短加工时间、降低动力消耗。根据加工的孔深、排屑方式和切削刃数不同,可转位套料钻可分为浅孔和深孔套料钻、外排屑和内排屑套料钻、双刃和多刃套料钻。

　　(2)数控铰刀

　　铰刀(图 3-1-10)可从工件孔壁上切除微量金属层,以提高其尺寸精度和表面粗糙度。铰孔精度等级可达到 IT7~8 级,表面粗糙度为 R_a1.6~0.8,适用于孔的半精加工及精加工。铰刀是定尺寸刀具,有 6～12 个切削刃,刚性和导向性比扩孔钻更好,适合加工中小直径孔。铰孔之前,工件应经过钻孔、扩孔等加工,铰孔的加工余量参考表 3-1-1。

表 3-1-1　铰孔余量(直径值)

孔的直径	$<\phi 8$ mm	$\phi 8 \sim \phi 20$ mm	$\phi 21 \sim \phi 32$ mm	$\phi 33 \sim \phi 50$ mm	$\phi 51 \sim \phi 70$ mm
铰孔余量(mm)	0.1～0.2	0.15～0.25	0.2～0.3	0.25～0.35	0.25～0.35

数控铰刀具有大螺旋升角(≤45°)切削刃,无刃挤压铰削及油孔内冷的结构是数控铰刀总体发展方向,最大铰削孔径已达 $\phi 400$ mm。图 3-1-10 为莫氏锥柄与直柄和螺旋槽铰刀示意图。

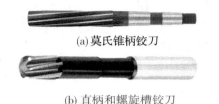

(a) 莫氏锥柄铰刀

(b) 直柄和螺旋槽铰刀

图 3-1-10　莫氏锥柄和直柄和螺旋槽铰　　**图 3-1-11　粗、精加工镗刀**

(3) 镗刀

镗刀可对工件上已有尺寸较大的孔进行镗孔加工,特别适合于加工孔距和位置精度要求较高的孔系。镗孔加工精度等级可达到 IT7 级,表面粗糙度 $R_a 1.6 \sim 0.8\ \mu m$。

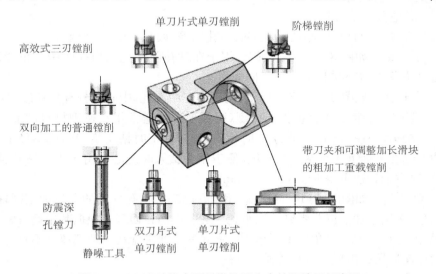

图 3-1-12　山特维克可乐满公司生产的粗镗刀示意图

镗刀种类很多,有单刃镗刀、双刃镗刀、微调镗刀等(如图 3-1-11 所示)。图 3-1-12和图 3-1-13 分别为山特维克可乐满公司生产的各种粗镗刀和精镗刀示意

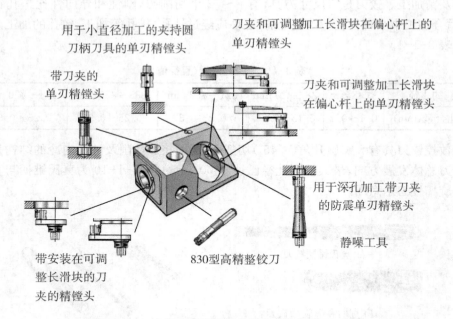

用于小直径加工的夹持圆
刀柄刀具的单刃精镗头

刀夹和可调整加工长滑块在偏心杆上的
单刃精镗头

带刀夹的
单刃精镗头

刀夹和可调整加工长滑块
在偏心杆上的单刃精镗头

用于深孔加工带刀夹
的防震单刃精镗头

静噪工具

带安装在可调
整长滑块的刀
夹的精镗头

830型高精整铰刀

图 3-1-13   山特维克可乐满公司生产的精镗刀示意图

图,适合于各种类型孔的镗削加工,最小镗孔直径为 $\phi3$ mm,最大镗孔直径可达 $\phi975$ mm。国外已研制出采用工具系统内部推拉杆轴向运动或高速离心力带平衡滑块移动,一次走刀完成镗削球面(曲面)、斜面及反向走刀切削加工零件背面的数控智能精密镗刀,代表了镗刀发展方向。

（4）其他孔加工刀具简介

其他孔加工刀具有定心钻、中心钻、锪孔钻等,如图 3-1-14 所示。

① 定心钻。如图 3-1-14(a)所示,用于在钻孔前预先钻出孔的中心位置,防止钻孔时钻头移位,有 90°和 120°等不同规格。

② 中心钻。如图 3-1-14(b)所示,用于加工中心孔,中心孔分有多种形式：A 型（60°）、B 型（60°并带 120°保护锥）、R 型（圆弧形）等,通常用高速钢材料制造。由于麻花钻的横刃具有一定的长度,引钻时不易定心,加工时钻头旋转轴线不稳定,因此利用中心钻在平面上先预钻一个凹坑,便于钻头钻入时定心。由于中心钻的直径较小,加工时主轴转速不得低于 1 000 r/min。

③ 锪孔钻。如图 3-1-14(c)所示,用于在已完成钻孔任务的孔口加工同轴的平面或倒角,多用于加工沉头螺钉的沉头孔、锥孔、小凸台面等。根据其用途有锪平面、60°倒角、90°倒角、120°倒角等不同结构的锪孔钻。通常锪孔时切削速度不宜过高,以免产生径向振纹或出现多棱形等质量问题。

④ 超长麻花钻。如图 3-1-14(d)所示,通常是高速钢钻头,用于钻孔。

2. 孔加工方法

（1）孔加工方法

孔加工在金属切削中占有很大的比重,应用广泛。在数控铣床上加工孔的方法

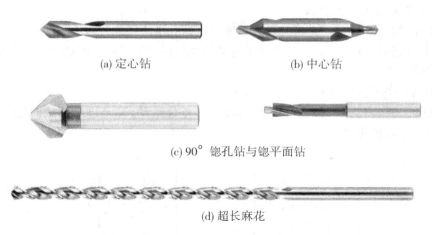

(a) 定心钻　　　　　　　(b) 中心钻

(c) 90°锪孔钻与锪平面钻

(d) 超长麻花

图 3-1-14　其他孔加工刀具

很多,根据孔的尺寸精度、位置精度及表面粗糙度等要求,一般有点孔,钻孔、扩孔,锪孔、铰孔、镗孔及铣孔等。确定孔加工方案时需根据孔的技术要求,合理地选择加工方法和加工步骤。孔的加工方法和一般所能达到的精度等级、粗糙度以及合理的加工顺序如表 3-1-2 所示。

　　① 对于直径大于 ϕ30 mm 的已铸出或锻出的毛坯孔的孔加工,一般采用粗镗→半精镗→孔口倒角→精镗的加工方案;孔径较大的可采用立铣刀粗铣→精铣加工方案;孔中空刀槽可用锯片铣刀在孔半精镗之后、精镗之前铣削完成,也可用镗刀进行单刀镗削,但单刀镗削效率较低。

　　② 对于直径小于 ϕ30 mm 无底孔的孔加工,通常采用锪平端面→钻中心孔→钻→扩→孔口倒角→铰加工方案。为提高孔的位置精度,在钻孔工步前须安排锪平端面和钻中心孔工步。孔口倒角安排在半精加工之后、精加工之前,以防孔内产生毛刺。

表 3-1-2　孔的加工方法与步骤的选择

序号	加工方案	精度等级	表面粗糙度 R_a	适用范围
1	钻	11~13	50~12.5	加工未淬火钢及铸铁的实心毛坯,也可用于加工有色金属(但粗糙度较差),孔径<15 mm~20 mm
2	钻—铰	9	3.2~1.6	
3	钻—粗铰(扩)—精铰	7~8	1.6~0.8	
4	钻—扩	11	6.3~3.2	同上,但孔径>15 mm~20 mm
5	钻—扩—铰	8~9	1.6~0.8	
6	钻—扩—粗铰—精铰	7	0.8~0.4	
7	粗镗(扩孔)	11~13	6.3~3.2	除淬火钢外各种材料,毛坯有铸出孔或锻出孔
8	粗镗(扩孔)—半精镗(精扩)	8~9	3.2~1.6	
9	粗镗(扩)—半精镗(精扩)—精镗	6~7	1.6~0.8	

（2）孔加工时进给路线

孔加工时，一般是首先将刀具在快速定位到孔中心线的位置上，然后刀具再沿 Z 向（轴向）运动进行加工。所以孔加工进给路线包括 XY 平面内的进给路线和轴向的进给路线。

① XY 平面内的进给路线

孔加工时，刀具在 XY 平面内的运动属于点位运动，确定进给路线时，主要考虑定位的速度与准确性。

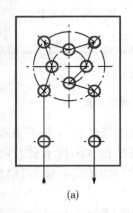
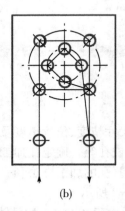

（a）　　　　　　　　　　（b）

图 3-1-15　圆周均布孔最短进给路线设计

对于圆周均布孔系的加工路线，要求定位精度高，定位过程尽可能快，则需要在刀具不与工件、夹具和机床碰撞的前提下，应使进给路线最短，减少刀具空行程时间或切削进给时间，提高加工效率。如图 3-1-15 所示，按图 3-1-15（a）所示的进给路线进给比按图 3-1-15（b）所示的进给路线进给节省定位时间近 1/2。这是因为在点位运动的情况下，刀具由一点运动到另一点时，通常是沿 X、Y 轴方向同时快速移动，当 X、Y 轴各自移动距离不等时，短移距方向的运动先停，等待长移距方向的运动停止后刀具才达到目标位置。图 3-1-15（a）方案使沿两轴方向的移动距离接近，所以定位过程迅速。

对于位置精度要求高的孔系加工的零件，安排进给路线时，一定要注意孔的加工顺序的安排和定位方向的一致。即采用单向趋近定位点的方法，要避免机械进给系统反向间隙对孔位精度的影响。如图 3-1-16 所示，镗削 3-1-16（a）零件上六个尺寸相同的孔，有两种进给路线，按 3-1-16（b）所示路线加工时，加工顺序为 1→2→3→4→5→6，由于 5、6 孔与 1、2、3、4 孔定位方向相反，Y 向反向间隙会使定位误差增加，而影响 5、6 孔与其他孔的位置精度。按 3-1-16（c）所示路线加工时，加工顺序为 1→2→3→4→P→5→6，加工完 4 孔后往上多移动一段距离至 P 点，然后折回来在 5、6 孔处进行定位加工，这样 5、6 孔与 1、2、3、4 孔加工进给方向一致，这样减少了反向间隙的影响，提高了 5、6 孔与其他孔的位置精度。

当定位迅速与定位准确不能同时满足时，若按最短进给路线进给能保证定位精度，则取最短路线；反之，应取能保证定位精度的路线。

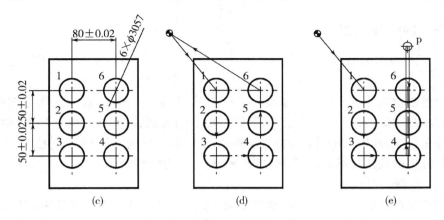

图 3-1-16　准确定位进给路线设计

② 确定 Z 向(轴向)的进给路线

刀具在 Z 向的进给路线分为快速移动路线和工作进给路线。刀具先从初始平面快速运动到距工件加工表面一定距离的 R 平面(距离工件加工表面有一个切入距离的平面)上,然后按工作进给速度进行加工。图 3-1-17(a)为单个孔时刀具的进给路线,对多孔的加工,为减少刀具空行程进给时间,加工中间孔时,刀具与零件结构不发生干涉的情况下,刀具不必退回到初始平面,只要退到 R 平面上即可,其进给路线如图 3-1-17(b)所示。

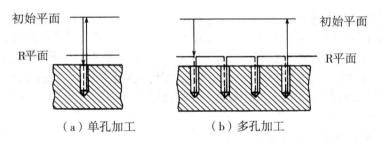

图 3-1-17　孔加工刀具 Z 向进给路线(实线为快移路线,虚线为工作进给路线)

R 平面距离工件表面的距离称为切入距离。加工通孔时,为保证全部孔深都加工到,应使刀具伸出工件底面一段距离(切出距离)。切入切出距离的大小与工件表面状况和加工方式有关,一般可取 2～5 mm。

③ 孔加工导入量与超越量

孔加工导入量(图 3-1-18 中 ΔZ)是指在孔加工过程中,刀具自快进转为工进时,刀尖点位置与孔上表面间的距离。导入量通常取 2～5mm。超越量如图 3-1-18 中的 $\Delta Z'$ 所示,当钻通孔时,超越量通常取 $Z_P + (1～3)$mm,Z_P 为钻尖高度(通常取 0.3 倍钻头直径);铰通孔时,超越量通常取 3～5 mm;镗通孔时,超越量通常取 1～3 mm。

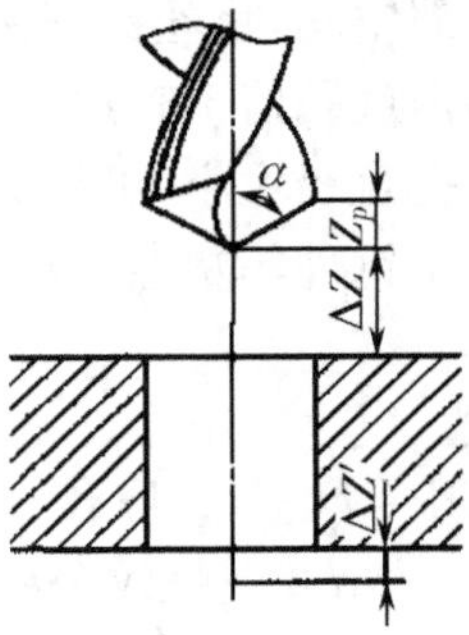

图 3-1-18　孔加工导入量与超越量

三、内螺纹加工

1. 攻螺纹刀具与刀柄

（1）丝锥

丝锥是攻丝并能直接获得螺纹尺寸的刀具，一般由合金工具钢或高速钢制成。丝锥基本结构如图 3-1-19 所示，前端切削部分制成圆锥，有锋利的切削刃；中间为导向校正部分，起修光和引导丝锥轴向运动的作用；柄部为方头，用于连接。

丝锥根据其结构不同，有直槽、螺旋槽、螺尖、挤压丝锥等。

（2）攻螺纹刀柄

刚性攻螺纹中常使用浮动攻螺纹刀柄（图 3-1-20），这种攻螺纹刀柄采用棘轮机构来带动丝锥，当攻螺纹扭矩超过棘轮机构的扭矩时，丝锥在棘轮机构中打滑，从而防止丝锥折断。

(a)直槽丝锥

(b)螺旋槽丝锥

图 3-1-19　丝锥　　　　　　图 3-1-20　攻丝刀柄

2. 螺纹加工方法的选择

内螺纹的加工根据孔径的大小，一般情况下，M6～M20 之间的螺纹，通常采用攻螺纹的方法加工，但在数控铣床、加工中心上攻小直径螺纹丝锥容易折断，因此对于 M6 以下的螺纹，可在数控铣床、加工中心上完成底孔加工后再通过其他手段攻螺纹。对于外螺纹或 M20 以上的内螺纹，一般采用铣削加工方法。

3. 相关尺寸计算

（1）攻螺纹底孔直径的确定

攻螺纹时，丝锥在切削金属的同时，还伴随较强的挤压作用。因此，金属产生塑性变形形成凸起挤向牙尖，使攻出的螺纹的小径小于底孔直径。攻螺纹前的底孔直径应稍大于螺纹小径，否则攻螺纹时因挤压作用，使螺纹牙顶与丝锥牙底之间没有足够的容屑空间，将丝锥箍住，甚至折断丝锥。这种现象在攻塑性较大的材料时将更为严重。但底孔值不宜过大，否则会使螺纹牙型高度不够，降低强度。

底孔直径大小，可根据螺纹的螺距查阅手册或按下面经验公式确定。

加工钢件等塑性材料时，$D_底 \approx d - P$；铸铁等脆性材料时，

$$D_底 \approx d - 1.05P$$

式中：$D_底$——底孔直径，mm；

d——螺纹公称直径，mm；

P——螺距，mm。

螺纹的螺距,对于细牙螺纹,其螺距已在螺纹代号中作了标记。而对于粗牙螺纹,每一种尺寸规格螺纹的螺距也是固定的,如 M8 的螺距为 1.25 mm、M10 的螺距为1.5 mm、M12 的螺距为 1.75 mm 等,具体请查阅有关螺纹尺寸参数表。

（2）盲孔螺纹底孔深度的确定

攻盲孔螺纹时,由于丝锥切削部分有锥角,端部不能切出完整的牙型,所以钻孔深度要大于螺纹的有效深度（图 3-1-21）。一般取

$$H_{钻} = h_{有效} + 0.7d$$

式中：$H_{钻}$——底孔深度,mm;

$\quad\quad\quad h_{有效}$——螺纹有效深度,mm;

$\quad\quad\quad d$——螺纹公称直径,mm。

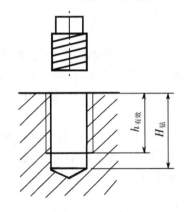

图 3-1-21 不通孔螺纹底孔长度

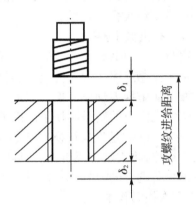

图 3-1-22 攻螺纹轴向起点与终点

（3）螺纹轴向起点和终点尺寸的确定

在数控机床上攻螺纹时,沿螺距方向的 Z 向进给应和机床主轴的旋转保持严格的速比关系,但在实际攻螺纹的开始时,伺服系统不可避免地有一个加速的过程,结束前也相应有一个减速的过程。在这两段时间内,螺距得不到有效保证。为了避免这种情况的出现,在安排其工艺时要尽可能考虑图 3-1-22 所示合理的导入距离 δ_1和导出距离 δ_2（即前节所说的"超越量"）。

δ_1 和 δ_2 的数值与机床拖动系统的动态特性有关,还与螺纹的螺距和螺纹的精度有关。一般 δ_1 取 $2\sim 3P$,对大螺距和高精度的螺纹则取较大值;δ_2 一般取 $1\sim 2P$。此外,在加工通孔螺纹时,导出量还要考虑丝锥前端切削锥角部位的长度。

四、数控加工中心编程

加工中心的编程和数控铣床编程的不同之处,主要在于增加了用 Txx、M06 进行自动换刀的功能指令,其他都没有多大的区别。执行刀具交换时,并非刀具在任何位置均可交换,各制造厂商依其设计不同,均安排在安全位置,实施刀具交换动作,以避免与床台、工件发生碰撞。因机床参考点位置是远离工件最远的安全位置,故一般

以 Z 轴先返回机床原点后,才能执行换刀指令。

1. 自动换刀功能指令

Txx 功能指令是用来选择机床上刀具的,后面跟的数字为将要更换的刀具地址号。执行该指令时,刀库电机带动刀库转动将对应刀具送到换刀位置上。若 T 指令是跟在某加工程序段的后部时,选刀动作将和加工动作同时进行。M06 指令是加工中心的换刀指令。

加工中心的换刀,根据结构分无机械手换刀和有机械手换刀两种情况。

(1) 无机械手换刀

当机床无机械手换刀时,换刀指令为:Txx M06 或 M06 Txx

机床在进行换刀动作时,先取下主轴上的刀具,再进行刀库转位的选刀动作;然后,再换上新的刀具。其选刀动作和换刀动作无法分开进行,执行"Txx M06"与执行"M06 Txx"结果是一样的。

(2) 有机械手换刀

这时"Txx M06"与"M06 Txx"有了本质区别。"Txx M06"是先执行选刀指令 Txx,再执行换刀指令 M06。它是先由刀库转动将 Txx 号刀具送到换刀位置上,再由机械手实施换刀动作。换刀以后,主轴上装夹的就是 Txx 号刀具,而刀库中目前换刀位置上安放的则是刚换下的旧刀具。

"M06 Txx"是先执行换刀指令 M06,再执行选刀指令 Txx。它是先由机械手实施换刀动作,将主轴上原有的刀具和目前刀库中当前换刀位置上已有的刀具(上一次选刀指令所选好的刀具)进行互换;然后,再由刀库转动将 Txx 号刀具送到换刀位置上,为下次换刀作准备。

在有机械手换刀且使用的刀具数量较多时,应将选刀动作与机床加工动作在时间上重合起来,以节省自动换刀时间,提高加工效率。

2. 回参考点控制指令

(1) 自动返回参考点 G28

指令格式:G28 X __ Y __ Z __

指令说明:

X Y Z 为回参考点时经过的中间点(非参考点)坐标。在 G90 时为中间点在工件坐标系中的坐标,在 G91 时为中间点相对于起点的位移量。

G28 指令首先使所有的编程轴都快速定位到中间点,然后再从中间点返回到参考点。一般 G28 指令用于刀具自动更换或者消除机械误差。在执行该指令之前应取消刀具半径补偿和刀具长度补偿。在 G28 的程序段中不仅产生坐标轴移动指令而且记忆了中间点,坐标值以供 G29 使用。电源接通后,在没有手动返回参考点的状态下指定 G28 时,从中间点自动返回参考点与手动返回参考点相同,这时从中间点到参考点的方向就是机床参数回参考点方向设定的方向。G28 指令仅在其被规定的程序段中有效。

(2) 自动从参考点返回 G29

格式 G29 X __ Y __ Z __

说明：

X Y Z 为返回的定位终点。在 G90 时为定位终点在工件坐标系中的坐标，在 G91 时为定位终点相对于 G28 中间点的位移量。

G29 可使所有编程轴以快速进给经过由 G28 指令定义的中间点，然后再到达指定点。通常该指令紧跟在 G28 指令之后。G29 指令仅在其被规定的程序段中有效。

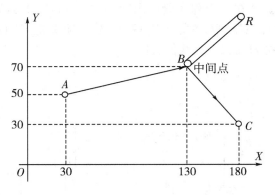

从 A 经过 B 回参考点，
再从参考点经过 B 到 C，
然后换刀

```
…
G91 G28 X100 Y20
G29 X50 Y-40
M06 T02
…
```

图 3-1-23　G28/G29 编程

【例 3-1-1】　用 G28 G29 对图 3-1-23 所示的路径编程。要求由 A 经过中间点 B 并返回参考点，然后从参考点经由中间点 B 返回到 C，并在 C 点换刀。

3. 刀具长度补偿指令

刀具长度补偿功能用于 Z 轴方向的刀具补偿，其实质是将刀具相对工件的坐标由刀具长度基准点（也称刀具安装定位点，即图 3-1-24 中的 B 点）移到刀具刀位点的位置。执行刀具长度补偿前，须检测刀具长度 L，并将其值输入控制系统。编程者在编程时可不必考虑刀具的长度，当加工中刀具因磨损、重磨、换新刀而长度发生变化时，也无须修改数控程序，只要修改刀具参数库中的长度补偿值即可。

格式：

G43(G44)G00(G01)Z　　H

G49 G00(G01)Z

在 G17 的情况下，刀长补偿 G43、G44 只用于 Z 轴的补偿，而对 X 轴和 Y 轴无效。格式中的 Z 值是属于 G00 或 G01 的程序指令值，同样有 G90 和 G91 两种编程方式。H 为刀长补偿号，它后面的两位数字是刀具补偿寄存器的地址号，如 H01 是指 01 号寄存器，在该寄存器中存放刀具长度的补偿值。刀长补偿值。刀长补偿号可用 H00～H99 来指定。

如图 3-1-25 所示，执行 G43 时，$Z_{实际量} = Z_{指令值} + (H \times \times)$

执行 G44 时 $Z_{实际值} = Z_{指令值} - H(\times \times \times)$

其中（H××）是指寄存器中的补偿量，其值可以

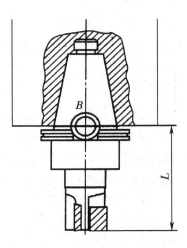

图 3-1-24　刀具长度补偿

是正值或者是负值。当刀长补偿量取负值时,G43 和 G44 的功效将互换。

使用注意事项:

① G43 或 G44 为模态指令、机床初始状态为 G49。

② 建立或取消刀具长度补偿必须与 G01 或 G00 指令组合完成。

③ 采用 G49 或用 G43　H00、G44　H00 可以撤销刀具长度补偿。

④ G49 后面不跟 G00、G01。若在一个程序段中出现 G49　G00(G01),则先执行 G49,再执行 G00、G01,易撞刀。实际中,最好不用 G49。建立第 2 把刀的长度补偿时,数控系统会自动替代第 1 把刀的长度补偿值。

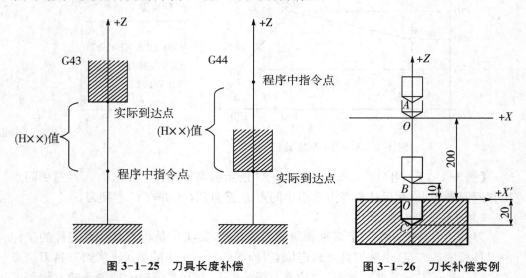

图 3-1-25　刀具长度补偿　　　　　图 3-1-26　刀长补偿实例

【例 3-1-2】　图 3-1-26 编程如表 3-1-3 所示。

表 3-1-3　长度补偿编程

设(H02)=200 mm 时		设(H02)=−200 mm 时	
N1　G54 G00 X0 Y0 Z0	设定当前点 O 为程序零点	N1　G54 G00 X0 Y0 Z0	
N2　G90 G00 G44 Z10 H02	指定点 A,实到点 B	N2　G90 G00 G43 Z10 H02	
N3　G01 Z−20	实到点 C	N3　G01 Z−30	
N4　Z10	实际返回点 B	N4　Z30	
N5　G00 G49 Z0	实际返回点 O	N5　G00 G49 Z−10	

在深度方向上,如果因深度较大,无法一次切削完成,则可以用实际长度固定而通过改变 H01 值的方法,先用较大的 H01 值,切削一部分深度的材料,再减小 H01 的值,切削深度方向剩余的材料,通过多次运行程序达到深度分次切削的效果。

4. 孔加工固定循环

数控加工中,某些加工动作循环已经典型化。例如,钻孔、镗孔的动作是孔位平面定位、快速引进、工作进给、快速退回等,这样一系列典型的加工动作已经预先编好程序,存储在内存中,可用包含 G 代码的一个程序段调用,从而简化编程工作。这种包含了典型动作循环的 G 代码称为循环指令。孔加工固定循环由 6 个顺序的动作组成，如图 3-1-27 所示。

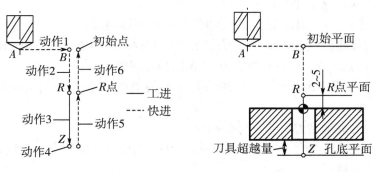

图 3-1-27　固定循环动作　　　　图 3-1-28　固定循环平面

动作 1：图 3-1-27 中 AB 段，刀具在安全平面高度，在定位平面内快速定位；

动作 2：图 3-1-27 中 BR 段，快进至 R 平面；

动作 3：图 3-1-27 中 RZ 段，孔加工；

动作 4：图 3-1-27 中 Z 点，孔底动作（如进给暂停、主轴停止、主轴准停、刀具偏移等）；

动作 5：图 3-1-27 中 ZR 段，退回到 R 平面；

动作 6：图 3-1-27 中 RB 段，退回到初始平面。

（1）固定循环的平面

固定循环的平面如图 3-1-28 所示。

① 初始平面。初始平面是为安全下刀而规定的一个平面。初始平面可以设定在任意一个安全高度上。当使用同一把刀具加工多个孔时，刀具在初始平面内的任意移动将不会与夹具、工件凸台等发生干涉。

② R 点平面。R 点平面又叫 R 参考平面。这个平面是刀具下刀时，自快进转为工进的高度平面，距工件表面的距离主要考虑工件表面的尺寸变化，一般情况下取 $2\sim5$ mm。

③ 孔底平面。加工不通孔时，孔底平面就是孔底的 Z 轴高度。而加工通孔时，除要考虑孔底平面的位置外，还要考虑刀具的超越量，以保证所有孔深都加工到尺寸。

（2）固定循环编程格式

指令格式：G90/G91 G98/G99 G73～G89 X ＿ Y ＿ Z ＿ R ＿ P ＿ Q ＿ F ＿ K ＿；

式中：G90/G91——数据形式。G90 沿着钻孔轴的移动距离用绝对坐标值；G91 沿着钻孔轴的移动距离用增量坐标

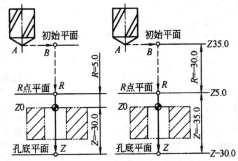

图 3-1-29　G90 与 G91 方式

值,如图 3-1-29 所示。

G98/G99——选择返回点平面指令。G98 表示孔加工完,返回初始平面;G99 表示孔加工完,返回 R 点平面。

G73～G89——为具体的孔加工循环指令,后面详细讲解。

Z——为孔底的位置。G90 时为孔底的绝对坐标,注意若为通孔,应超出孔底一段距离,一般为 2～5 mm;G91 时为从 R 平面到孔底的距离。

R——为 R 平面的位置。G90 时为 R 平面的绝对坐标;G91 时为从初始平面到 R 平面的距离。

P——为孔底的暂停时间,单位为 ms。

Q——只在四个指令中有用。在 G73 和 G83 中,指每次的下刀深度;在 G76 和 G87 中,指让刀量。

F——为孔加工时的进给速度。

K——指定加工孔的重复次数。

(3) 孔加工固定循环指令

FANUC 系统共有 12 种孔加工固定循环指令,如表 3-1-4 所示。

表 3-1-4　FANUC 系统孔加工固定循环指令

G 代码	加工运动(Z 轴负向)	孔底动作	返回运动(Z 轴正向)	应用
G73	间歇进给		快速移动	高速深孔钻循环
G74	切削进给	主轴停止→主轴正转	切削进给	攻左螺纹循环
G76	切削进给	主轴定向停止	快速移动	精镗孔循环
G80				固定循环取消
G81	切削进给		快速移动	钻孔循环
G82	切削进给	暂停	快速移动	沉孔钻孔循环
G83	间歇进给		快速移动	深孔钻循环
G84	切削进给	主轴停止→主轴反转	切削进给	攻右螺纹循环
G85	切削进给		切削进给	铰孔循环
G86	切削进给	主轴停止	快速移动	镗孔循环
G87	切削进给	主轴停止	快速移动	背镗孔循环
G88	切削进给	暂停→主轴停止	手动操作	镗孔循环
G89	切削进给	暂停	切削进给	镗孔循环

① 钻(扩)孔循环 G81 与锪孔循环 G82

指令格式:G81 X＿　Y＿　Z＿　R＿　F＿;

$$\text{G82 X \_\_ Y \_\_ Z \_\_ R \_\_ P \_\_ F \_\_};$$

指令动作：G81 指令常用于普通钻孔，其加工动作如图 3-1-30 所示，刀具在初始平面快速（G00 方式）定位到指令中指定的 X、Y 坐标位置，再 Z 向快速定位到 R 点平面，然后执行切削进给到孔底平面，刀具从孔底平面快速 Z 向退回到 R 点平面（G99 方式）或初始平面（G98 方式）。

G82 指令在孔底增加了进给后的暂停动作，以提高孔底表面粗糙度精度，如果指令中不指定暂停参数 P，则该指令和 G81 指令完全相同。该指令常用于锪孔或台阶孔的加工。

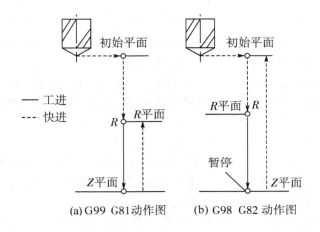

(a) G99 G81 动作图　　(b) G98 G82 动作图

图 3-1-30　G81 与 G82 指令动作图

【例 3-1-3】　如图 3-1-31 所示零件，在板料上加工孔，板厚 10 mm，要求用 G81 编程，选用 $\phi 10$ mm 钻头。

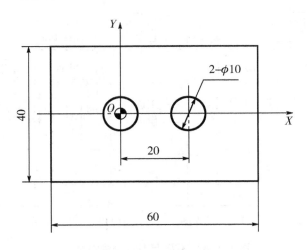

图 3-1-31　G81 编程实例

建立工件坐标系如图 3-1-31 所示，参考程序见表 3-1-5。

表 3-1-5   G81 编程实例

O6002	程序号
N10 G90 G54 G00 X0 Y0 S650 M03	
N20 Z50 M08	
N30 G81 G99 X0 Y0 Z−15 R3 F60	钻点(0,0)处孔
N40 X20	钻点(20,0)处孔
N50 G80	取消钻孔循环
N60 G00 Z50	
N70 M30	

② 高速深孔钻循环 G73 与深孔钻循环 G83

孔深与孔直径之比大于 5 的孔称为深孔。加工深孔时,加工中散热差,排屑困难,钻杆刚性差,易使刀具损坏和引起孔的轴线偏斜,从而影响加工精度和生产率。

指令格式:G73 X__ Y__ Z__ R__ Q__ F__;

G83 X__ Y__ Z__ R__ Q__ F__;

指令动作:如图 3-1-32 所示,G73 指令通过刀具 Z 轴方向的间歇进给实现断屑动作。指令中的 Q 值是指每一次的加工深度(均为正值且为带小数点的值)。图中的 d 值由系统指定,通常不需要用户修改。

G83 指令通过 Z 轴方向的间歇进给实现断屑与排屑的动作。该指令与 G73 指令的不同之处在于:刀具间歇进给后快速回退到 R 点,再快速进给到 Z 向距上次切削孔底平面 d 处,从该点处,快进变成工进,工进距离为 $Q+d$。

G73 指令与 G83 指令多用于深孔加工的编程。

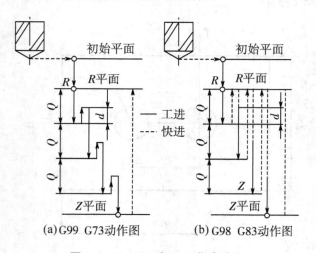

(a) G99 G73动作图   (b) G98 G83动作图

图 3-1-32   G73 与 G83 指令动作

③ 铰孔循环指令(G85)

指令格式:G85 X__ Y__ Z__ R__ F__;

说明：孔加工动作与 G81 类似，但返回行程中，从 Z 到 R 为切削进给，以保证孔壁光滑，其循环动作如图 3-1-33 所示。此指令适宜铰孔。

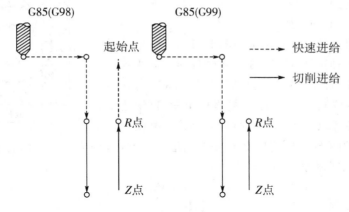

图 3-1-33　G85 指令动作

④ 精镗孔循环指令（G76）

指令格式：G76 X__ Y__ Z__ R__ Q__ P__ F__;

说明：孔加工动作如图 3-1-34 所示。图中 OSS 表示主轴准停，Q 表示刀具移动量。采用这种方式镗孔可以保证提刀时不至于划伤内孔表面。执行 G76 指令时，镗刀先快速定位至 X、Y 坐标点，再快速定位到 R 点，接着以 F 指定的进给速度镗孔至 Z 指定的深度后，主轴定向停止，使刀尖指向一固定的方向后，镗刀中心偏移使刀尖离开加工孔面（如图 3-1-35），这样镗刀以快速定位退出孔外时，才不至于刮伤孔面。当镗刀退回到 R 点或起始点时，刀具中心即回复原来位置，且主轴恢复转动。

应注意偏移量 Q 值一定是正值，且 Q 不可用小数点方式表示数值，如欲偏移 1.0 mm，应写成 Q1000。偏移方向可用参数设定选择＋X，＋Y，－X，及－Y 的任何一个方向，一般设定为＋X 方向。指定 Q 值时不能太大，以避免碰撞工件。

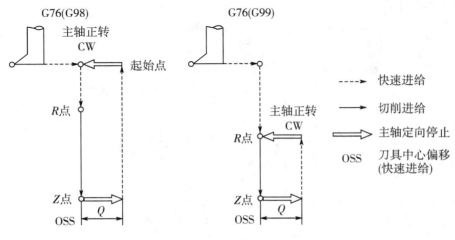

图 3-1-34　G76 动作

⑤ 攻左旋螺纹循环指令 G74 和攻右旋螺纹循环指令（G84）

指令格式：G74　X＿　Y＿　Z＿　R＿　F＿ ；
　　　　　　G84　X＿　Y＿　Z＿　R＿　F＿ ；

指令说明：G74 加工动作如图 3-1-36 所示。图中 CW 表示主轴正转，CCW 表示主轴反转。此指令用于攻左旋螺纹，故需先使主轴反转，再执行 G74 指令，刀具先快速定位至 X、Y 所指定的坐标位置，再快速定位到 R 点，接着以 F 所指定的进给速度攻螺纹至 Z 点，主轴转换为正转且同时向 Z 轴正方向退回至 R，退至 R 点后主轴恢复原来的反转。

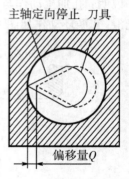

图 3-1-35　主轴定向停止与偏移

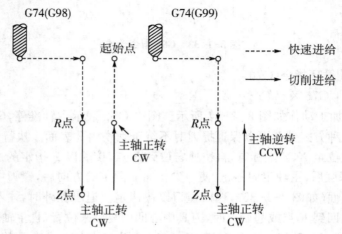

图 3-1-36　G74 动作

G84 其循环动作如图 3-1-37 所示。在 G74、G84 攻螺纹循环指令执行过程中，操作面板上的进给率调整旋钮无效，另外即使按下进给暂停键，循环在回复动作结束之前也不会停止。

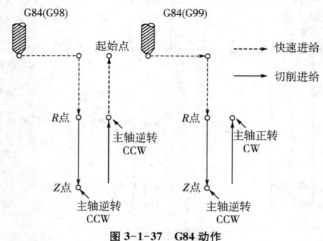

图 3-1-37　G84 动作

5. 编写孔板加工程序

（1）分析零件图样

该零件上要求加工 $2-\phi10_0^{-0.015}$ 及 $2-M8$ 螺纹。孔的尺寸精度为 IT7。

（2）工艺分析和确定

① $2-\phi10_0^{-0.022}$ 孔加工方案。钻中心孔→钻底孔 $\phi6$ →扩孔至 $\phi9.8$ →铰孔至 $\phi10_0^{+0.015}$ 。

② $2-M12$ 螺纹加工方案。钻中心孔→钻底孔 $\phi6$ →扩孔至 $\phi9.8$ →扩孔至 $\phi10.3$ →攻丝至 M12。

③ $\phi30_0^{-0.022}$ 孔加工方案。钻中心孔→钻底孔→一次扩孔→二次扩孔→三次扩孔→粗镗孔，留精镗余量 0.3 mm→锪孔→精镗。

可选方案：钻中心孔→钻底孔 $\phi6$ →扩孔至 $\phi9.8$ →铣孔，留精镗余量 0.3 mm→精镗。

④ 确定装夹方案。外轮廓及上下面均不加工，直接采用平口钳装夹，底部用垫铁垫起，注意要让出通孔的位置。

表 3-1-6　孔板加工参考程序

O0001		程序号
G90 G28 Z0		Z轴回参考点
M06 T01		换 T01 号刀具，中心钻
G17 G54 G49 G21 G94 G40 G80		程序初始化
G54 M03 S1000		选择工件坐标系，主轴正转，转速为 1 000 r/min
G43 G00 Z50 H01		建立 T01 号刀具长度补偿，Z轴快速定位
G00 X0 Y0Z10 M08		快速定位至点(X0,Y0,Z10)，并打开切削液
G98 G81 X-35 Y-25 Z-4 R5 F80	钻中心孔	钻中心孔
G98 X35 Y-25		
X35 Y25		
X0 Y0		
X-35 Y25		
M05 G80 G49		
G91 G28 M09		回参考点，关闭切削液
M01		
M06 T02		换 T02 号刀具，钻头 $\phi6$
G90 G49 M03 S550		
G43 H02 G00 Z50 M08		
G00 X0 Y0Z10		
G98 G83 X-35 Y-25 Z-18 R5 Q2 F80	钻底孔 $\phi6$	
G98 X35 Y-25		
X35 Y25		
X0 Y0		
X-35 Y25		
M05 G80 G49		
G91 G28 M09		
M01		

O0001		程序号
M06 T03		换 T03 号刀具，钻头 $\phi9.8$
G90 G49 M03 S550		
G43 H02 G00 Z50 M08		
G00 X0 Y0Z10		
G98 G83 X－35 Y－25 Z－18 R5 Q2 F80	扩孔 $\phi9.8$	
G98 X35 Y－25		
X35 Y25		
X0 Y0		
X－35 Y25		
M05 G80		
G91 G28 M09		
M01		
M06 T04		换 T04 号刀具，钻头 $\phi10.3$
G90 G49 M03 S550		
G43 H02 G00 Z50 M08		
G00 X0 Y0Z10		
G98 G83 X－35 Y－25 Z－18 R5 Q2 F80	扩孔 $\phi10.3$	
X35 Y25		
X0 Y0		
M05 G80 G49		
G91 G28 M09		
M01		
M06 T05		换 T05 号刀具，钻头 $\phi20$
G90 G49 M03 S550		
G43 H02 G00 Z50 M08		
G00 X0 Y0Z10		
G98 G83 Z－18 R5 Q2 F80	扩孔 $\phi20$	
M05 G80 G49		
G91 G28 M09		
M01		
M06 T06		换 T06 号刀具，钻头 $\phi28$
G90 G49 M03 S550		
G43 H02 G00 Z50 M08		
G00 X0 Y0Z10		
G98 G83 Z－18 R5 Q2 F80	扩孔 $\phi36$	
M05 G80 G49		
G91 G28 M09		
M01		

（续表）

O0001	程序号
M06 T07	换 T07 号刀具,粗镗刀
G90 G49 M03 S550	
G43 H02 G00 Z50 M08	
G00 X0 Y0Z10	
G98 G83 Z−18 R5 Q2 F80	
M05 G80 G49	
G91 G28 M09	
M01	
M06 T08	换 T08 号刀具,铰刀 φ10
G90 G49 M03 S550	铰孔
G43 H02 G00 Z50 M08	
G00 X0 Y0Z10	
G98 G85 X35 Y−25 Z−18 R5 F40	
X−35 Y25	
M05 G80 G49	
G91 G28 M09	
M01	
M06 T09	换 T96 号刀具,丝锥 M12
G90 G49 M03 S550	攻螺纹
G43 H02 G00 Z50 M08	
G00 X0 Y0Z10	
G98 G84 X−35 Y−25 Z−18 R5 F175	
X35 Y25	
M05 G80 G49	
G91 G28 M09	
M01	
M06 T10	换 T10 号刀具,镗刀 φ30
G90 G49 M03 S550	精镗孔
G43 H02 G00 Z50 M08	
G00 X0 Y0Z10	
G98 G76 X0 Y0 Z−18 R5 F80	
M05 G80 G49	
G91 G28 M09	
M30	

五、零件加工

开机,激活机床,回参考点→定义毛坯,放置零件→安装刀具→输入程序,数控编程模拟软件对加工刀具轨迹仿真，或数控系统图形仿真加工，进行程序校验及修整→自动加工→停车后，按图纸要求检测工件，对工件进行误差与质量分析。

【巩固提高】

1. 完成图 3-1-38 所示零件上 $2-\phi 10_0^{+0.015}$ 孔及 $2-M8$ 螺纹加工，毛坯为 $200\,mm \times 160\,mm \times 16\,mm$ 长方块（其余面已经加工），材料为 45 钢，单件生产。

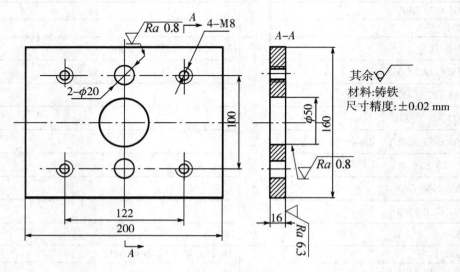

图 3-1-38　孔加工零件

项目二　加工座板

【工作任务】

座板零件图如图 3-2-1 所示。毛坯尺寸 100 mm×80 mm×15 mm，材料为 45 钢。要求确定零件加工方案，编写零件的数控加工程序，完成零件的数控加工。

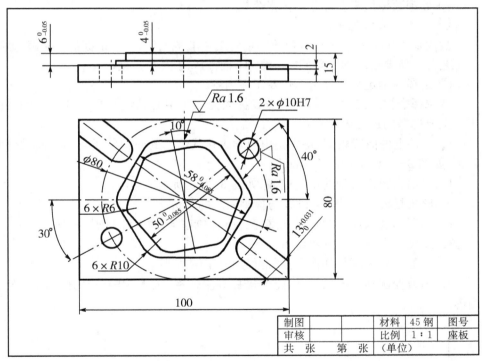

图 3-2-1　座板

【学习目标】

1. 掌握零件加工工艺的分析方法，能分析零件图样、确定加工工序、刀具运动方向与加工路线、加工用量及确定程序编制的允许误差等方面，并编写零件加工工艺文件。

2. 能按照数控系统规定的程序格式和要求填写零件的加工程序单及加工条件等内容;对加工程序单、控制介质、刀具运动轨迹及首件试切工件等项内容所进行的单项或综合校验工作。

一、数控铣削加工工艺分析

1. 工艺分析的内容

① 选择适合在数控铣床上加工的零件,确定工序内容。

② 分析加工零件的图纸,明确加工内容及技术要求,确定加工方案,制定数控加工路线,如工序的划分、加工顺序的安排、非数控加工工序的衔接等。

③ 设计数控加工工序,如工序的划分、刀具的选择、夹具的定位与安装、切削用量的确定、走刀路线的确定等等。

④ 调整数控加工工序的程序。如对刀点、换刀点的选择、刀具的补偿。

⑤ 分配数控加工中的公差。

⑥ 处理数控机床上部分工艺指令。

2. 零件加工工艺性分析

数控加工工艺性分析是编程前的重要工艺准备工作之一,根据加工实践,数控加工工艺分析所要解决的主要问题大致可归纳为以下几个方面。

① 选择并确定数控加工部位及工序内容

在选择数控加工内容时,应充分发挥数控加工中心(数控铣床)的优势和关键作用。主要选择的加工内容有:

a. 工件上的曲线轮廓,特别是由数学表达式给出的非圆曲线与列表曲线等曲线轮廓,如图 3-2-2 所示的正弦曲线。

b. 已给出数学模型的空间曲面,如图 3-2-3 所示的球面。

c. 形状复杂、尺寸繁多、画线与检测困难的部位。

d. 用通用铣床加工时难以观察、测量和控制进给的内外凹槽。

e. 以尺寸协调的高精度孔和面。

f. 能在一次安装中顺带铣出来的简单表面或形状。

g. 用数控铣削方式加工后,能成倍提高生产率,大大减轻劳动强度的一般加工内容。

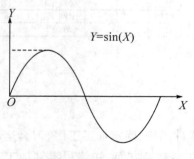

图 3-2-2　$Y=\sin(X)$ 曲线

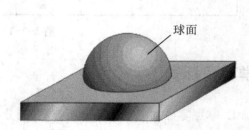

图 3-2-3　球面

② 零件图样的工艺性分析

根据数控铣削加工的特点，对零件图样进行工艺性分析时，应主要考虑以下一些问题。

a. 零件图样尺寸的正确标注。由于加工程序是以准确的坐标点来编制的，因此，各图形几何元素间的相互关系（如相切、相交、垂直和平行等）应明确，各种几何元素的条件要充分，应无引起矛盾的多余尺寸或者影响工序安排的封闭尺寸等。例如，零件在用同一把铣刀、同一个刀具半径补偿值编程加工时，由于零件轮廓各处尺寸公差带不同，如在图 3-2-4 中，就很难同时保证各处尺寸在尺寸公差范围内。这时

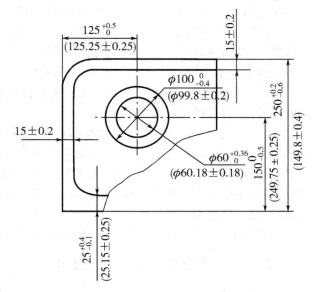

图 3-2-4 零件尺寸公差带的调整

一般采取的方法是：兼顾各处尺寸公差，在编程计算时，改变轮廓尺寸并移动公差带，改为对称公差，采用同一把铣刀和同一个刀具半径补偿值加工，对图 3-2-4 中括号内的尺寸，其公差带均作了相应改变，计算与编程时用括号内尺寸来进行。

b. 统一内壁圆弧的尺寸。加工轮廓上内壁圆弧的尺寸往往限制刀具的尺寸。如图 3-2-5 所示，当工件的被加工轮廓高度 H 较小，内壁转接圆弧半径 R 较大时，则可采用刀具切削刃长度 L 较小，直径 D 较大的铣刀加工。这样，底面 A 的走刀次数较少，表面质量较好，因此，工艺性较好。反之如图 3-2-6 铣削工艺性则较差。

通常，当 $R < 0.2H$ 时，则属工艺性较差。

如图 3-2-7，铣刀直径 D 一定时，工件的内壁与底面转接圆弧半径 r 越小，铣刀与铣削平面接触的最大直径 $d = D - 2r$ 就越大；铣刀端刃铣削平面的面积越大，则加工平面的能力越强，因而，铣削工艺性越好。反之，工艺性越差。如图 3-2-8 所示。

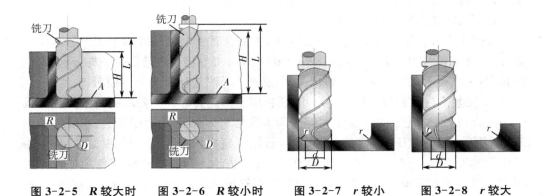

图 3-2-5 R 较大时　图 3-2-6 R 较小时　图 3-2-7 r 较小　图 3-2-8 r 较大

当底面铣削面积大,转接圆弧半径 r 也较大时,只能先用一把 r 较小的铣刀加工,再用符合要求 r 的刀具加工,分两次完成切削。

总之,一个零件上内壁转接圆弧半径尺寸的大小和一致性,影响着加工能力、加工质量和换刀次数等。因此,转接圆弧半径尺寸大小要力求合理,半径尺寸尽可能一致,至少要力求半径尺寸分组靠拢,以改善铣削工艺性。

c. 保证基准统一的原则。有些工件需要在铣削完一面后,再重新安装铣削另一面,因此,最好采用统一基准定位。

d. 分析零件的变形情况。铣削工件在加工时的变形,将影响加工质量。这时,可采用常规方法如粗、精加工分开及对称去余量法等,也可采用热处理的方法,如对钢件进行调质处理,对铸铝件进行退火处理等。加工薄板时,切削力及薄板的弹性退让极易产生切削面的振动,使薄板厚度尺寸公差和表面粗糙度难以保证,这时,应考虑合适的工件装夹方式。

总之,加工工艺取决于产品零件的结构形状、尺寸和技术要求等。

二、制定数控铣削加工工艺文件

1. 选择装夹方式

(1) 定位基准的选择

定位基准的选择,主要有以下几个方面。

① 尽量选择零件上的设计基准作为定位基准。

② 选择定位基准时,应注意减少装夹的次数,尽量做到在一次装夹中就能够完成全部关键精度部位的加工以减少装夹过程引起的误差。对于需要多次装夹工件,应尽量用同一组精基准定位,否则,基准转换会引起较大的定位误差。因此,一般选择零件上不需要加工的平面或孔作为定位基准。如果零件上没有合适的孔用做定位孔,可以另外加工出工艺孔作为定位基准。

③ 当零件的定位基准与设计基准难以重合时,应认真分析零件在部件中的装配关系,明确该零件设计基准的作用,必要时可通过尺寸链的计算,严格规定定位基准与设计基准间的公差范围,确保加工精度。对于带有自动测量功能的加工中心,可在工艺中安排坐标系测量检查工步,即每个零件加工前由程序自动控制用测头检测设计基准,系统自动计算并修正坐标系,从而确保各加工部位与设计基准间的几何关系。

(2) 确定装夹方法和选择夹具

在确定装夹方案时,需要根据已选定的加工表面和定位基准确定工件的定位夹紧方式,并选择合理的夹具。数控铣床上的工件装夹方法与普通铣床一样,只要求能够精确定位、可靠夹紧即可。一般情况下,选择夹具时应从下几个方面考虑。

① 夹紧机构或其他元件不得影响进给,加工部位要敞开。要求夹持工件后夹具上一些组成件(如定位块、压块和螺栓等)不能与刀具运动轨迹发生干涉。如图 3-2-9所示,用立铣刀铣削零件的六边形,若用压板机构压住工件的 A 面,则压板易与铣刀发生干涉,若夹压 B 面,就不影响刀具的进给。对有些箱体零件的加工可以利用内部空间来安排夹紧机构,将其加工表面敞开,如图 3-2-10 所示。当在卧式加

工中心上对工件的四周进行加工时,若很难安排夹具的定位和夹紧装置,则可以通过减少加工表面留出定位夹紧元件的空间。

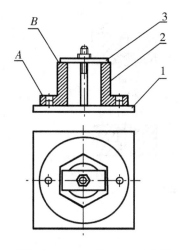

1-定位基准　2-工件　3-夹紧装置
图 3-2-9　不影响进给的装夹

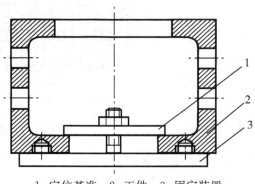

1-定位基准　2-工件　3-固定装置
图 3-2-10　敞开加工表面的装夹

② 必须保证最小的夹紧变形。工件在粗加工时,需要夹紧力大,但又不能把工件夹压变形,否则松开夹具后零件发生变形。因此必须慎重选择夹具的支撑点、定位点和夹紧点。如果采用了相应措施仍不能控制变形,只能将粗、精加工分开,或者粗、精加工使用不同的夹紧力。同时注意尽量不要在加工中途更换夹紧点,若必须更换夹紧点时,要特别注意不能因更换夹紧点而破坏定位精度,必要时应在工艺文件中注明。

③ 应考虑机床的行程范围。选择夹具时,应考虑机床主轴与工作台面之间的最小距离和刀具的装夹长度,夹具在机床工作台上的安装位置应确保在主轴的行程范围内能使工件的加工内容全部完成。

④ 夹具的结构应力求简单。目前常用的夹具类型有专用夹具、组合夹具、可调夹具、成组夹具以及工件统一基准定位装夹系统。在选择时综合考虑各种因素,选择经济合理的夹具形式。一般夹具的选择顺序为:在单件生产中尽可能采用通用夹具,如三爪卡盘、台钳等;批量生产时优先考虑组合夹具,其次考虑可调夹具,最后考虑成组夹具和专用夹具;当装夹精度要求很高时,可配置工件统一基准定位装夹系统。

⑤ 夹具应便于与机床工作台面及工件定位面间的定位连接。数控铣床、加工中心的工作台面上一般都有标准 T 形槽,台面侧面有基准挡板等定位元件。固定方式一般用 T 形槽螺钉或工作台面上的紧固螺孔,用螺栓或压板压紧。夹具上用于紧固的孔和槽的位置必须与工作台上的 T 形槽和孔的位置相对应。

⑥ 多件装夹。对于小型零件或工序不长的零件,可以考虑在工作台上同时装夹几个产品同时进行加工,以提高加工效率。例如,在加工中心上安装一块与工作台大

小一样的平板,如图 3-2-11 所示。该平板既可作为大工件的基础板,也可作为多个小工件的公共基础板。

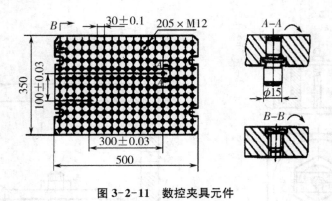

图 3-2-11　数控夹具元件

2. 确定工艺路线

(1) 加工工序的划分

加工工序的划分遵循机械加工工艺过程的一般原则。在一般情况下,为了减少工件加工中的周转时间,提高机床的利用率,保证加工精度要求,在数控铣削工序划分的时候,应尽量使工序集中。

(2) 加工顺序的安排

在数控铣床、加工中心上加工时加工顺序安排是否合理,直接影响到加工精度、加工效率、刀具数量和经济效益。在安排加工顺序时除了要遵循"基面先行、先粗后精、先主后次、先面后孔"的工艺原则外,还应考虑以下几点:

① 每道工序尽量减少刀具的空行程移动量,按最短路线安排加工表面的加工顺序。

② 在一次定位装夹中,尽可能完成所有能够加工的表面。

③ 安排加工中心的加工顺序时,考虑到某些机床工作台回转时间比换刀时间短,在不影响精度的前提下,为了减少换刀的次数,减小不必要的定位误差,可以采取刀具集中工序。也就是用同一把刀把零件上相同的部位都加工完成,再换第二把刀具。

④ 安排加工中心的加工顺序时,考虑到加工中存在着重复定位误差,对于同轴度要求很高的孔系,就不能采用刀具集中原则,应该在一次定位后,通过顺序连续换刀,顺序连续加工完该同轴孔系的全部孔后,再加工其他坐标位置孔,以提高孔系的同轴度。

3. 选用数控刀具

数控铣床上所采用的刀具要根据被加工零件的材料、几何形状、表面质量要求、热处理状态、切削性能及加工余量等,选择刚性好、耐用度高的刀具。

(1) 选用数控刀具

① 铣刀类型选择

被加工零件的几何形状是选择刀具类型的主要依据。

加工曲面类零件时,为了保证刀具切削刃与加工轮廓在切削点相切,而避免刀刃与工件轮廓发生干涉,粗加工一般采用球头刀,粗加工用两刃铣刀,半精加工和精加工用四刃铣刀;铣较大平面时,为了提高生产效率和提高加工表面粗糙度,一般采用刀片镶嵌式盘形铣刀;铣小平面或台阶面时一般采用通用铣刀;铣键槽时,为了保证槽的尺寸精度、一般用两刃键槽铣刀;孔加工时,可采用钻头、镗刀等孔加工类刀具

② 铣刀结构选择

铣刀一般由刀片、定位元件、夹紧元件和刀体组成。由于刀片在刀体上有多种定位与夹紧方式,刀片定位元件的结构又有不同类型,因此铣刀的结构形式有多种,分类方法也较多。选用时,主要可根据刀片排列方式。刀片排列方式可分为平装结构和立装结构两大类。

平装结构铣刀(如图 3-2-12 所示)的刀体结构工艺性好,容易加工,并可采用无孔刀片(刀片价格较低,可重磨)。由于需要夹紧元件,刀片的一部分被覆盖,容屑空间较小,且在切削力方向上的硬质合金截面较小,故平装结构的铣刀一般用于轻型和中量型的铣削加工。

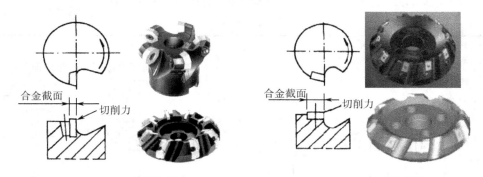

图 3-2-12　平装结构铣刀　　　　　图 3-2-13　立装结构铣刀

立装结构铣刀(如图 3-2-13 所示)的刀片只用一个螺钉固定在刀槽上,结构简单,转位方便。虽然刀具零件较少,但刀体的加工难度较大,一般需用五坐标加工中心进行加工。由于刀片采用切削力夹紧,夹紧力随切削力的增大而增大,因此可省去夹紧元件,增大了容屑空间。由于刀片切向安装,在切削力方向的硬质合金截面较大,因而可进行大切深、大走刀量切削,这种铣刀适用于重型和中量型的铣削加工。

③ 铣刀角度的选择

铣刀的角度有前角、后角、主偏角、副偏角、刃倾角等。为满足不同的加工需要,有多种角度组合形式。各种角度中最主要的是主偏角和前角(制造厂的产品样本中对刀具的主偏角和前角一般都有明确说明)。

主偏角 K_r。主偏角为切削刃与切削平面的夹角,如图 3-2-14 所示。铣刀的主偏角有 90°、88°、75°、70°、60°、45°等几种。主偏角对径向切削力和切削深度影响很大。径向切削力的大小直接影响切削功率和刀具的抗振性能。铣刀的主偏角越小,其径向切削力越小,抗振性也越好,但切削深度也随之减小。具体选择时可参考表3-2-1。

表 3-2-1　铣刀主偏角选择

主偏角	加工特点	应用
90°	该类刀具通用性好（即可加工台阶面，又可加工平面），在单件、小批量加工中选用。由于该类刀具的径向切削力等于切削力，进给抗力大，易振动，因而要求机床具有较大功率和足够的刚性。在加工带凸肩的平面时，也可选用 88°主偏角的铣刀，较之 90°主偏角铣刀，其切削性能有一定改善。	在铣削带凸肩的平面时选用，一般不用于单纯的平面加工
60°～75°	由于径向切削力明显减小（特别是 60°时），其抗振性有较大改善，切削平稳、轻快，在平面加工中应优先选用。75°主偏角铣刀为通用型刀具，适用范围较广；60°主偏角铣刀主要用于镗铣床、加工中心上的粗铣和半精加工。	适用于平面铣削的粗加工
45°	此类铣刀的径向切削力大幅度减小，约等于轴向切削力，切削载荷分布在较长的切削刃上，具有很好的抗振性。用该类刀具加工平面时，刀片破损率低，耐用度高；在加工铸铁件时，工件边缘不易产生崩刃。	适用于镗铣床主轴悬伸较长的加工场合

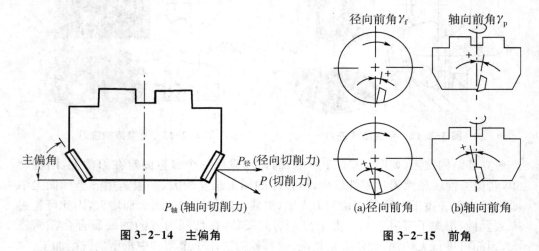

图 3-2-14　主偏角　　　　　　　　　　图 3-2-15　前角

铣刀的前角可分解为径向前角 γ_f（图 3-2-15（a））和轴向前角 γ_p（图 3-2-15（b）），径向前角 γ_f 主要影响切削功率；轴向前角 γ_p 则影响切屑的形成和轴向力的方向，当 γ_p 为正值时切屑即飞离加工面。径向前角 γ_f 和轴向前角 γ_p 正负的判别见图 3-2-15。常用的前角组合形式如下：

双负前角。双负前角的铣刀通常均采用方形（或长方形）无后角的刀片，刀具切削刃多（一般为 8 个），且强度高、抗冲击性好，适用于铸钢、铸铁的粗加工。由于切屑收缩比大，需要较大的切削力，因此要求机床具有较大功率和较高刚性。由于轴向前角为负值，切屑不能自动流出，当切削韧性材料时易出现积屑瘤和刀具振动。

凡能采用双负前角刀具加工时建议优先选用双负前角铣刀,以便充分利用和节省刀片。当采用双正前角铣刀产生崩刃(即冲击载荷大)时,在机床允许的条件下亦应优先选用双负前角铣刀。

双正前角。双正前角铣刀采用带有后角的刀片,这种铣刀楔角小,具有锋利的切削刃。由于切屑收缩比小,所耗切削功率较小,切屑成螺旋状排出,不易形成积屑瘤。这种铣刀最宜用于软材料和不锈钢、耐热钢等材料的切削加工。对于刚性差(如主轴悬伸较长的镗铣床)、功率小的机床和加工焊接结构件时,也应优先选用双正前角铣刀。

正负前角(轴向正前角、径向负前角)。这种铣刀综合了双正前角和双负前角铣刀的优点,轴向正前角有利于切屑的形成和排出;径向负前角可提高刀刃强度,改善抗冲击性能。此种铣刀切削平稳,排屑顺利,金属切除率高,适用于大余量铣削加工。WALTER 公司的切向布齿重切削铣刀 F2265 就是采用轴向正前角、径向负前角结构的铣刀。

④ 铣刀的齿数(齿距)选择

铣刀齿数多,可提高生产效率,但受容屑空间、刀齿强度、机床功率及刚性等的限制,不同直径的铣刀的齿数均有相应规定。为满足不同用户的需要,同一直径的铣刀一般有粗齿、中齿、密齿三种类型,选择铣刀齿数时可参考表 3-2-2。

表 3-2-2　铣刀的齿数(齿距)选择

粗齿铣刀	适用于普通机床的大余量粗加工和软材料或切削宽度较大的铣削加工;当机床功率较小时,为使切削稳定,也常选用粗齿铣刀。
中齿铣刀	系通用系列,使用范围广泛,具有较高的金属切除率和切削稳定性。
密齿铣刀	主要用于铸铁、铝合金和有色金属的大进给速度切削加工。在专业化生产(如流水线加工)中,为充分利用设备功率和满足生产节奏要求,也常选用密齿铣刀(此时多为专用非标铣刀)。
不等分齿距铣刀	可防止工艺系统出现共振,使切削平稳,还有一种。如 WALTER 公司的 NOVEX 系列铣刀均采用了不等分齿距技术。在铸钢、铸铁件的大余量粗加工中建议优先选用不等分齿距的铣刀。

⑤ 刀片牌号的选择

合理选择刀片硬质合金牌号的主要依据是被加工材料的性能和硬质合金的性能。一般选用铣刀时,可按刀具制造厂提供加工的材料及加工条件,来配备相应牌号的硬质合金刀片。国际标准化组织规定,切削加工用硬质合金按其排屑类型和被加工材料分为三大类:P 类、M 类和 K 类。根据被加工材料及适用的加工条件,每大类中又分为若干组,用两位阿拉伯数字表示,每类中数字越大,其耐磨性越低、韧性越高。P、M、K 三类牌号的选择原则可参考表 3-2-3。

P 类合金(包括金属陶瓷)用于加工产生长切屑的金属材料,如钢、铸钢、可锻铸铁、不锈钢、耐热钢等。其中,组号越大,则可选用越大的进给量和切削深度,而切削速度则应越小。

M类合金用于加工产生长切屑和短切屑的黑色金属或有色金属,如钢、铸钢、奥氏体不锈钢、耐热钢、可锻铸铁、合金铸铁等。其中,组号越大,则可选用越大的进给量和切削深度,而切削速度则应越小。

K类合金用于加工产生短切屑的黑色金属、有色金属及非金属材料,如铸铁、铝合金、铜合金、塑料、硬胶木等。其中,组号越大,则可选用越大的进给量和切削深度,而切削速度则应越小。

表 3-2-3　P、M、K 类合金切削用量的选择

	P01	P05	P10	P15	P20	P25	P30	P40	P50
	M10	M20	M30	M40					
	K01	K10	K20	K30	K40				
进给量	————————————————————→								
背吃刀量	————————————————————→								
切削速度	←————————————————————								

4. 选用工具系统

工具系统是针对数控机床要求与之配套的刀具必须可快速换刀和高效切削而发展起来的,是刀具与机床的接口,包括了刀具本身、实现刀具快换所必需的定位、夹紧、抓拿及刀具保护等机构。工具系统的选择是数控机床配置中的重要内容之一,因为工具系统不仅影响数控机床的生产效率,而且直接影响零件的加工质量。根据数控机床(或加工中心)的性能与数控加工工艺的特点优化刀具与刀柄系统,可以取得事半功倍的效果。

数控机床工具系统根据其用途不同分为镗铣类数控工具系统和车床类数控工具系统,根据其结构不同又可分为整体式工具系统和模块式工具系统。整体式工具系统基本上由整体柄部和整体刃部(整体式刀具)两部分组成,其装夹刀具的工作部分与它在机床上安装定位用的柄部是一体的。这种刀柄对机床与零件的变换适应能力较差。为了适应零件与机床的变换,用户必须储备各种规格的刀柄,因此刀柄的利用率较低;模块式工具系统是把整体式工具系统按功能模块化,做成系列化的标准模块(如刀柄、刀杆、接长杆、接长套、刀夹、刀体、刀头、刀刃等),再根据需要快速地组装成不同用途的刀具,当某些模块损坏时可部分更换。从而提高刀柄的适应能力和利用率。

为了进行高速、高精度、高效率的机械加工,工具系统作为机床功能的补充,要求必须保证高精度地将刀具夹持在机床上,且在加工过程中能保持高精度夹紧状态。为此,要求工具系统具备如下特点:

① 有较高的定位精度和重复定位精度,拥有良好的接口,能使刀具高精度安装在机床主轴上。

② 在高速加工条件下,具有良好的平衡性能,不会发生异常振动。

③ 刚性好,能够承受较大切削力。

④ 结构合理,保证切削液充分到达切削刃部位,断屑、排屑性能好。

⑤ 工具系统装卸、调整方便。

⑥ 标准化、系列化、通用化程度高。

目前世界上有几十种不同结构的模块式工具系统,其区别主要在于模块之间的定位方式和锁紧方式不同。许多国家或生产商都已制定了自己的标准化工具系统,如德国的数控车床用的 DIN69880 工具系统,瑞典山特维克公司的 BTS 模块式车削工具系统等。我国制定了"镗铣类整体式数控工具系统"标准(按汉语拼音,简称为 TSG 工具系统)和"镗铣类模块式数控工具系统"标准(简称为 TMG 工具系统),它们均采用 GB 10944—89(JT 系列刀柄)为标准刀柄。考虑到事实上使用日本的 MAS/BT403 刀柄的机床目前在我国数量较多,TSG 及 TMG 也将 BT 系列作为非标准刀柄首位推荐,即 TSG、TMG 系统也可以按 BT 系列刀柄制作。

数控镗铣类工具系统:

数控镗铣类工具系统一般由与机床连接的锥柄、延伸部分的连杆和工作部分的刀具组成。它们经组合后可以完成钻孔、扩孔、铰孔、镗孔、攻螺纹等加工工艺。镗铣类工具系统分为整体式结构和模块式结构两大类。

① 工具系统的型号表示方法

我国工具系统型号的表示方法如下:

$$JT(BT)40 - XS16 - 75$$

"JT(BT)40"表示柄部型号及尺寸。其中 JT 表示采用国际标准 ISO7388 加工中心机床用锥柄柄部(带机械手夹持槽),其后数字为相应的 ISO 锥度号,如 50 和 40 分别代表大端直径为 69.85 和 44.45 的 7:24 锥度。最常用的是 40 号和 50 号刀柄。

"XS16"表示刀柄用途及主参数。各工具代号的含义是:

XD 表示装三面铣刀刀柄;

MW 表示无扁尾莫氏锥柄刀柄;

XS 表示装三面刃铣刀刀柄;

M 表示有扁尾莫氏锥柄刀柄;

Z(J)表示装钻夹头刀柄(贾式锥度加 J);

G 表示攻螺纹夹头;

T 表示镗孔刀具;

XP 表示装削平柄铣刀刀柄。

代号后随的数字表示工具的工作特性,其含义随工具不同而异,有些工具该数字为其轮廓尺寸 D 或 L,有些工具该数字表示应用范围。

"75"表示工作长度。

② 镗铣类整体式数控工具系统(TSG 工具系统)

TSG 工具系统是整体式工具系统,是专门为加工中心和镗铣类数控机床配套的工具系统,图 3-2-16 为整体式工具系统示意图。

图 3-2-16　整体式工具系统示意图

整体式工具系统也可用于普通镗铣床,其特点是将锥柄和接杆连成一体,不同品种和规格刀具的工作部分都必须带有与机床相连的柄部。图 3-2-17 所示是我国的 TSG82 工具系统。TSG82 工具系统是一个连接镗、铣类数控机床(含加工中心)的主轴与刀具之间的辅助系统,它包含多种接杆和刀柄,也有少量刀具(如镗刀头),可用来完成铣削平面、斜面、曲面、沟槽及钻孔、扩孔、铰孔、镗孔、攻螺纹等多种加工工艺。该系统的各类辅具和刀具具有结构简单、使用方便、装卸灵活、调整迅速等特点。该图表示了 TSG82 工具系统中各种工具的组合形式,各种工具尺寸系列见 JB/GQ 5010-83。表 3-2-4 列出了接长杆刀柄和弹簧刀柄与接长杆的各种组合形式及用途。

表 3-2-4　弹簧夹头刀柄与接杆和卡簧的各种组合形式及用途

组合形式		主要用途
刀柄代号和名称	装配件	
JT(ST)-Q 弹簧夹头刀柄	QH 卡簧	装夹直柄刀具或 ZB-Q 夹头
	ZB-Q 直柄小弹簧夹头+LQ 外夹簧组件	装夹直柄刀具或 QH 内卡簧
	QH 卡簧+ ZB-Q 直柄小弹簧夹头+LQ 外夹簧组件	装夹直柄刀具或 QH 内卡簧
	ZB-H 直柄倒锪端面镗刀	装夹直柄刀具
	QH 卡簧+ ZB-H 直柄倒锪端面镗刀	倒锪端面

TSG 工具系统常用的刀柄如图 3-2-18 所示,整体式工具系统常用的刀柄有面铣刀刀柄、整体钻夹头刀柄、镗刀柄、ER 弹簧夹头刀柄等。与弹簧夹头刀柄配合使用的有弹簧夹头。

拉钉是连接机床和刀柄的重要零件。拉钉是带螺纹的零件,常固定在各种工具柄的尾端。机床主轴内的拉紧机构借助它把刀柄拉紧在主轴中。数控机床刀柄有不同的标准,机床刀柄拉紧机构也不统一,故拉钉有多种型号和规格。如果拉钉选择不当,装在刀柄上使用可能会造成事故,拉钉的选择一是要根据数控机床说明书选择,二是可以对机床自带的拉钉进行测量后来确定。

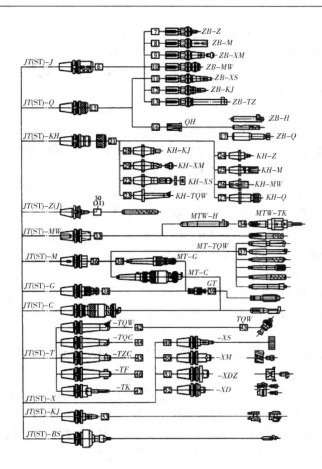

图 3-2-17 TSG82 工具系统

(a)面铣刀刀柄　　　(b)整体钻夹头刀柄　　　(c)镗刀柄

(d)ER弹簧夹头刀柄等　　(e)弹簧夹头　　　(f)B型拉钉

图 3-2-18 TSG 工具系统常用的刀柄、弹簧夹头及拉钉

③ 镗铣类模块式数控工具系统(TMG 工具系统)

　　模块式结构把工具的柄部和工作部分分开,制成系列化的模块,由不同规格的中间模块组装成各种不同用途、不同规格的模块式刀具。图3-2-19为整体式工具系统的示意图。这样就方便了制造、使用和保管,减少了工具的规格、品种和数量的储备,对加工中心较多的企业有很高的实用价值。目前,模块式工具系统已成为数控加工刀具发展的方向。国外有许多应用比较成熟和广泛的模块式工具系统。例如瑞士的山特维克(SANDVIK)公司有比较完善的模块式工具系统,在我国的许多企业得到了很好的应用。国内的 TMG10 和 TMG21 工具系统就属于这一类。不管哪种模块式工具系统都是由三个部分组成:

图 3-2-19　整体式工具系统的示意图

　　主柄模块:模块式工具系统中直接与机床主轴连接的工具模块;

　　中间模块:模块式工具系统中为了加长工具轴向尺寸和变换连接直径的工具模块;

　　工作模块:模块式工具系统中为了装夹各种切削刀具的模块。

　　5. 制定工艺文件

　　数控加工工艺文件不仅是进行数控加工和产品验收的依据,也是操作者遵守和执行的规程,同时还为产品零件重复生产积累了必要的工艺资料,完成了技术储备。这些技术文件是对数控加工的具体说明,目的是让操作者更明确加工程序的内容、装夹方式、各个加工部位所选用的刀具及其他技术问题。该文件包括了编程任务书、数控加工工序卡、数控刀具卡片、数控加工程序单等。以下提供了常用文件格式,文件格式可根据企业实际情况自行设计。

表 3-2-5　数控加工编程任务书

工　艺　处	数 控 编 程 任 务 书	产品零件图号		任务书编号	
		零件名称			
		使用数控设备		共　页第　页	
主要工序说明及技术要求:					
		编程收到日期	月　日	经手人	
编制	审核	编程	审核	批准	

　　(1) 数控加工工序卡

　　数控加工工序卡与普通加工工序卡很相似,所不同的是:工序简图中应注明编程原点与对刀点,要有编程说明及切削参数的选择等,它是操作人员进行数控加工的主要指导性工艺资料。工序卡应按已确定的工步顺序填写，见表 3-2-6。

表 3-2-6　数控加工工序卡片

单 位	数控加工工序卡片	产品名称或代号				零件名称		零件图号
工序简图		车　间				使用设备		
		工艺序号				程序编号		
		夹具名称				夹具编号		
工步号	工步作业内容	加工面	刀具号	刀补量	主轴转速	进给速度	背吃刀量	备注
编 制	审 核	批 准		年　月　日		共　页		第 页

（2）数控刀具卡片

数控加工刀具卡主要反映刀具名称、编号、规格、长度等内容。它是组装刀具、调整刀具的依据。详见表 3-2-7。

表 3-2-7　数控加工刀具卡

数控加工刀具卡片		工序号	程序编号		产品名称	零件名称		材　料	零件图号
		30	O1001					45	
序号	刀具号	刀具名称	刀具规格(mm)		补偿值(mm)		刀补号		备注
			直径	长度	半径	长度	半径	长度	
1	T01								
2	T02								
3	T03								

（3）数控加工走刀路线图

主要反映刀具进给路线，该图应准确描述刀具从起刀点开始，直到加工结束后返回终点的轨迹，如表 3-2-8 所示。它不仅是程序编制的依据，同时也便于机床操作者了解刀具运动路线（如下刀位置、抬刀位置等），计划好夹紧位置及控制夹紧元件的高度，以避免碰撞事故的发生。

表 3-2-8 数控加工走刀路线图

数控加工走刀路线图		零件图号		工序号	20	工步号	3	程序号	O1010
机床型号	X713	程序段号		加工内容		铣削外形		共1页	第1页

符号	⊙	⊗	◕	o→	→	↓	o---•	∿	⇄
含义	抬刀	下刀	编程原点	起刀点	走刀方向	走刀线相交	爬斜坡	铰孔	行切

（4）数控加工程序单

数控加工程序单是编程员根据工艺分析情况，按照机床特点的指令代码编制的。它是记录数控加工工艺过程、工艺参数的清单，有助于操作员正确理解加工程序内容。参考格式见表 3-2-9。

根据实践经验，一般应对加工程序做出说明的主要有以下内容：

① 所用数控设备型号及控制机型号。

② 程序原点、对刀点及允许的对刀误差。

③ 工件相对于机床的坐标方向及位置（用简图表述）。

④ 镜像加工使用的对称轴。

⑤ 所用刀具的规格、图号及其在程序中对应刀具号（如 D03 或 T0101 等），必须按实际刀具半径或长度加大或缩小补偿值的特殊要求（如用同一条程序、同一把刀具利用加大刀具半径补偿进行粗加工），更换该刀具的程序段号等。

⑥ 整个程序加工内容的顺序安排，使操作者明白先干什么后干什么。

⑦ 子程序说明，对程序中编入的子程序应说明其内容。

⑧ 其他需要作特殊说明的问题，如需要在加工中更换夹紧点的计划停车程序段号，中间测量用的计划停车程序段号，允许的最大刀具半径和长度补偿值。

表 3-2-9　数控加工程序单

零件号			零件名称			编　制		审　核		
程序号						日　期		日　期		
N	G	X(U)	Z(W)	F	S	T	M	CR	备　注	

6. 典型零件加工工艺

箱盖类零件是数控加工中常见的典型零件之一，下面以图 3-2-20 所示的泵盖零件为例，该零件材料为 HT200，毛坯尺寸为 170 mm×110 mm×30 mm，小批量生产，试分析其数控加工工艺。

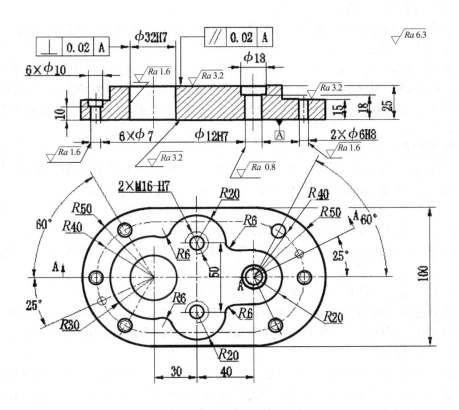

图 3-2-20　箱盖类零件

（1）零件图工艺分析

该零件主要由平面、外轮廓以及孔系组成。其中 $\phi32H7$ 和 $2-\phi6H8$ 三个孔的表面粗糙度要求较高，R_a 值为 1.6；而 $\phi12H7$ 内孔的表面粗糙度要求更高，为

$R_a0.8$；$\phi32H7$ 内孔中心轴线相对于基准 A 面有垂直度要求为 0.02 mm，上表面对基准 A 面有平行度要求为 0.02 mm。该零件材料为铸铁，切削加工性能较好。

根据上述分析，$\phi32H7$ 孔、$2-\phi6H8$ 孔与 $\phi12H7$ 孔的粗、精加工应分开进行，以保证表面粗糙度要求。同时以底面 A 定位，提高装夹刚度以满足 $\phi32H7$ 内孔表面的垂直度要求。

（2）设备的选择

数控铣、加工中心加工零件的表面不外乎平面、轮廓、曲面、孔和螺纹等，主要要考虑到所选加工方法要与零件的表面特征、所要求达到的精度及表面粗糙度相适应。根据被加工零件的外形和材料等条件，本例选择立式加工中心 TH5660A。

（3）确安装夹方案

该零件毛坯的外形比较规则，因此在加工上下表面、台阶面及孔系时，选用平口虎钳夹紧；先铣削外轮廓时，采用"一面两孔"定位方式，即以底面 A、$\phi32H7$ 孔和 $\phi12H7$ 孔定位。

（4）确定加工方法及走刀路线

① 上、下表面及台阶面的粗糙度要求为 $R_a3.2$，可选择"粗铣—精铣"方案。

② 孔加工方法的选择

孔加工前，为便于钻花引正，先用中心钻加工中心孔，然后再钻孔。内孔表面的加工方案在很大程度上取决于内孔表面本身的尺寸精度和表面粗糙度。对于表面粗糙度要求较高的表面，一般不能一次加工到规定的尺寸，而要划分加工阶段逐步进行。

该零件孔系加工方案的选择如下。

a. 孔 $\phi32H7$，表面粗糙度为 $R_a1.6$，选择"钻—粗镗—半精镗—精镗"方案。

b. 孔 $\phi12H7$，表面粗糙度为 $R_a0.8$，选择"钻—粗铰—粗铰"方案。

c. 孔 $6-\phi7$，表面粗糙度为 $R_a3.2$，无尺寸公差要求，选择"钻—铰"方案。

d. 孔 $2-\phi6H8$，表面粗糙度为 $R_a1.6$，选择"钻—铰"方案。

e. 孔 $\phi18$ 和 $6-\phi10$，表面粗糙度为 $R_a6.3$，无尺寸公差要求，选择"钻孔—锪孔"方案。

f. 螺纹孔 $2-M16-H7$，采用先钻底孔，后攻螺纹的加工方法。

按照基面先行、先面后孔、先粗后精的原则确定加工顺序，详见表 $3-2-10$ 泵盖零件数控加工工序卡。外轮廓加工采用顺铣方式，刀具沿切线方向切入与切出。

（5）刀具选择

① 零件上、下表面采用端铣刀加工，根据侧吃刀量选择端铣刀直径，使铣刀工作时有合理的切入/切出角；且铣刀直径应尽量包容工件整个加工宽度，以提高加工精度和效率，并减小相邻两次进给之间的接刀痕迹。

② 台阶面及其轮廓采用立铣刀加工，铣刀半径 R 受轮廓最小曲率半径限制，取 $R=6$ mm。

③ 孔加工各工步的刀具直径根据加工余量和孔径确定。

该零件加工所选刀具详见表 $3-2-10$ 泵盖零件数控加工刀具卡片。

表 3-2-10　泵盖零件数控加工刀具卡片

产品名称或代号			零件名称	泵盖	零件图号	
序号	刀具编号	刀具规格名称	数量	加工表面		备注
1	T01	φ125 硬质合金端面铣刀	1	铣削上、下表面		
2	T02	φ12 硬质合金立铣刀	1	铣削台阶面及其轮廓		
3	T03	φ3 中心钻	1	钻中心孔		
4	T04	φ27 钻头	1	钻 φ32H7 底孔		
5	T05	内孔镗刀	1	粗镗、半精镗和精镗 φ32H7 孔		
6	T06	φ11.8 钻头	1	钻 φ12H7 底孔		
7	T07	φ18×11 锪钻	1	锪 φ18 孔		
8	T08	φ12 铰刀	1	铰 φ12H7 孔		
9	T09	φ14 钻头	1	钻 2-M16 螺纹底孔		
10	T10	90°倒角铣刀	1	2-M16 螺孔倒角		
11	T11	M16 机用丝锥	1	攻 2-M16 螺纹孔		
12	T12	φ6.8 钻头	1	钻 6-φ7 底孔		
13	T13	φ10×5.5 锪钻	1	锪 6-φ10 孔		
14	T14	φ7 铰刀	1	铰 6-φ7 孔		
15	T15	φ5.8 钻头	1	钻 2-φ6H8 底孔		
16	T16	φ6 铰刀	1	铰 2-φ6H8 孔		
17	T17	φ35 硬质合金立铣刀	1	铣削外轮廓		
编制		审核		批准	年月日	共　页	第　页

（6）切削用量选择

该零件材料切削性能较好，铣削平面、台阶面及轮廓时，留 0.5 mm 精加工余量；孔加工精镗余量留 0.2 mm、精铰余量留 0.1 mm。

选择主轴转速与进给速度时，先查切削用量手册，确定切削速度与每次进给量，然后根据第二章的相关公式计算主轴转速与进给速度（计算过程从略）。

（7）拟定数控铣削加工工序卡片

为更好地指导编程和加工操作，把该零件的加工顺序、所有刀具和切削用量等参数编入表 3-2-11 所示的泵盖零件数控加工工序卡片中。

表 3-2-11　泵盖零件数控加工工序卡片

单位名称		产品名称或代号			零件名称	零件图号
					泵盖	
工序号	程序编号	夹具名称			使用设备	车间
		平口虎钳和一面两销自制夹具			TH5660A	数控中心
工步号	工步内容	刀具号	刀具规格（mm）	主轴转速（r/min）	进给速度（mm/min）	背吃刀量（mm）	备注
1	粗铣定位基准面 A	T01	ϕ125	180	40	2	自动
2	精铣定位基准面 A	T01	ϕ125	180	25	0.5	自动
3	粗铣上表面	T01	ϕ125	180	40	2	自动
4	精铣上表面	T01	ϕ125	180	25	0.5	自动
5	粗铣台阶面及其轮廓	T02	ϕ12	900	40	4	自动
6	精铣台阶面及其轮廓	T02	ϕ12	900	25	0.5	自动
7	钻所有孔的中心孔	T03	ϕ3	1000			自动
8	钻 ϕ32H7 底孔至 ϕ27	T04	ϕ27	200	40		自动
9	粗镗 ϕ32H7 孔至 ϕ30	T05		500	80	1.5	自动
10	半精镗 ϕ32H7 孔至 ϕ31.6	T05		700	70	0.8	自动
11	精镗 ϕ32H7 孔	T05		800	60	0.2	自动
12	钻 ϕ12H7 底孔至 ϕ11.8	T06	ϕ11.8	600	60		自动
13	锪 ϕ18 孔	T07	ϕ18×11	150	30		自动
14	粗铰 ϕ12H7	T08	ϕ12	100	40	0.1	自动
15	精铰 ϕ12H7	T08	ϕ12	100	40		自动
16	钻 2-M16 底孔至 ϕ14	T09	ϕ14	450	60		自动
17	2-M16 底孔倒角	T10	90°倒角铣刀	300	40		自动
18	攻 2-M16 螺纹孔	T11	M16	100	200		自动
19	钻 6-ϕ7 底孔至 ϕ6.8	T12	ϕ6.8	700	70		自动
20	锪 6-ϕ10 孔	T13	ϕ10×5.5	150	30		自动
21	铰 6-ϕ7 孔	T14	ϕ7	100	25	0.1	自动

（续表）

工步号	工步内容	刀具号	刀具规格（mm）	主轴转速（r/min）	进给速度（mm/min）	背吃刀量（mm）	备注
22	钻 2-ϕ6H8 底孔至 ϕ5.8	T15	ϕ5.8	900	80		自动
23	铰 2-ϕ6H8 孔	T16	ϕ6	100	25	0.1	自动
24	一面两孔定位粗铣外轮廓	T17	ϕ35	600	40	2	自动
25	精铣外轮廓	T17	ϕ35	600	25	0.5	自动
编制		审核		批准		年 月 日	共 页 第 页

三、简化编程指令

1. 可编程镜像

使用编程的镜像指令可实现沿某一坐标轴或某一坐标点的对称加工。在一些老的数控系统中通常采用 M 指令来实现镜像加工，在 FANUC 0i 系统中则采用 G51 或 G51.1 来实现镜像加工。

（1）指令格式

① 格式一 G17 G51.1 X __ Y __ ;

　　　　　　G50.1 X __ Y __ ;

格式中的 X、Y 值用于指定对称轴或对称点。当 G51.1 指令指定后仅有一个坐标字时，该镜像是以某一坐标为镜像轴。如下指令所示：

　　　　　　G51.1 X10.0;

该指令表示以某一轴线为对称轴，该轴线与 Y 轴相平行，且与 X 轴在 X＝10.0 处相交。当 G51.1 指令后有两个坐标字时，表示该镜像是以某一点作为对称点进行镜像。

例如，对称点为（10，10）的镜像指令是：G51.1 X10.0 Y10.0;

取消镜像则用指令：　　　　　　　　　G50.1 X __ Y __ 。

② 格式二 G17 G51 X __ Y __ I __ J __ ;

　　　　　　G50;

使用此种格式时，指令中的 I、J 值一定是负值，如果其值为正值，则该指令变成了缩放指令。另外，如果 I、J 值为负且不等于 −1，则执行该指令时，既进行镜像又进行缩放。

（2）镜像编程的说明

① 在指定平面内执行镜像指令时，如果程序中有圆弧指令，则圆弧的旋转方向相反，即 G02 变成 G03，相应地，G03 变成 G02。

② 在指定平面内执行镜像指令时，如果程序中有刀具半径补偿指令，则刀具半

径补偿的偏置方向相反,即 G41 变成 G42,相应地,G42 变成 G41。

③ 在指定平面内执行镜像指令时,如果程序中有坐标系旋转指令,则坐标系旋转方向相反。即顺时针变成逆时针,相应地,逆时针变成顺时针。

④ CNC 数据处理的顺序是从程序镜像到比例缩放;所以在指定这些指令时,应按顺序指定,取消时,按相反顺序。在旋转方式或比例缩放方式不能指定镜像指令 G50.1 或 G51.1 指令,但在镜像指令中可以指定比例缩放指令或坐标系旋转指令。

⑤ 在可编程镜像方式中,不能指定返回参考,参考点返回指令(G27、G28、G29、G30)和改变坐标系指令(G54～G59、G92)。如果要指定其中的某一个,则必须在取消可编程镜像后进行。

⑥ 在使用镜像功能时,由于数控镗铣床的 Z 轴一般安装有刀具,所以,Z 轴一般都不进行镜像加工。

2. 极坐标

在数控机床与加工中心的编程中,为简化编程,除常用固定程序循环指令外还采用一些特殊的功能指令。通常情况下,圆周分布的孔类零件(如法兰类零件)以及图样尺寸以半径与角度形式标示的零件(如正多边形外形铣),采用极坐标编程较为合适。采用极坐标编程,加工中心可以大大减少编程时的计算工作量,因此数控机床在编程中得到广泛应用。

(1) 极坐标值指令(G15/Gl6)

G16 X __ Y __——开始极坐标指令(极坐标方式)

G15——取消极坐标指令(取消极坐标方式)

(2) 格式说明

G16——极坐标指令;

G15——极坐标指令取消;

G17～G19——极坐标指令的平面选择(G17,G18 或 G19);

G90——指定工件坐标系的原点作为极坐标系的原点,从该点测量半径;

G91——指定当前位置作为极坐标系的原点,从该点测量半径;

X __ Y __——指定极坐标系选择平面的轴及其值;

X __——极坐标半径;

Y——极角。

(3) 编程注意事项

① 坐标值可以用极坐标(半径和角度)输入。角度的正向是所选平面的第 1 轴正向的逆时针转向,而负向是顺时针转向。

② 半径和角度两者可以用绝对值指令或增量值指令(G90/G91)。

③ 设定工件坐标系原点作为极坐标系的原点,用绝对值编程指令指定半径(原点和编程点之间的距离)。如图 3-2-21 所示为工件坐标系的原点设定为极坐标系的原点。当使用局部坐标系(G52)时,局部坐标系的原点变成极坐标的中心。

④ 设定当前位置作为极坐标系的原点,用增量值编程指令指定半径(当前位置和编程点之间的距离)。当前位置指定为极坐标系的原点。

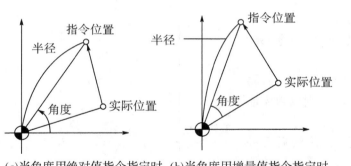

(a)当角度用绝对值指令指定时　(b)当角度用增量值指令指定时

图 3-2-21　极坐标编程示意图

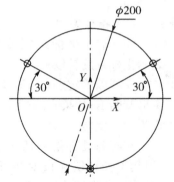

图 3-2-22　加工示意图

【**例 3-2-1**】　如图 3-2-22 所示,加工轮圆上的螺栓孔。

工件坐标系的原点被设为极坐标系的原点,选择 XY 平面,分别用绝对值和增量值指令指定角度和半径编程如表 3-2-12 和 3-2-13 所示。

表 3-2-12　用绝对值指令指定角度和半径编程

Nl G17 G90 G16	指定极坐标指令和选择 XY 平面,设定工件坐标系的原点为极坐标系的原点
N2 G81 X100.0 Y30.0 Z-20.0 R-5.0 F200.0	指定 100 mm 的距离和 30°的角度
N3 Y150.0	指定 100 mm 的距离和 150°的角度
N4 Y270.0	指定 100 mm 的距离和 270°的角度
N5 G15 G80	取消极坐标指令

表 3-2-13　用增量值指令指定角度和半径

Nl G17 G90 G16	指定极坐标指令和选择 XY 平面,设定工件坐标系的原点为极坐标系的原点
N2 G81 X100.0 Y30.0 Z-20.0 R-5.0 F200.0	指定 100 mm 的距离和 30°的角
N3 G91 Y120.0	指定 100 mm 的距离和+120°的角度增量
N4 Y120.0	指定 100 mm 的距离和+120°的角度增量
N5 G15 G80	取消极坐标指令

3. 坐标系旋转

用坐标系旋转编程功能(旋转指令)可将工件旋转某一指定的角度。另外,如果工件的形状由许多相同的图形组成(如图 3-2-23 所示),则可将图形单元编成子程序,然后用主程序的旋转指令调用。这样可简化编程,节省时间和存储空间。

(1)指令格式

G17 G68 X __ Y __ R __;

G69；

（2）指令说明

G68 表示坐标系旋转生效，而指令 G69 表示坐标系旋转取消。

G68 以给定点（X,Y,Z）为旋转中心，将图形旋转 R；如果省略（X,Y,Z），则以程序原点为中心旋转。

在有刀具补偿的情况下，先旋转后刀补（刀具半径补偿和长度补偿）；在有缩放功能的情况下，先缩放后旋转。

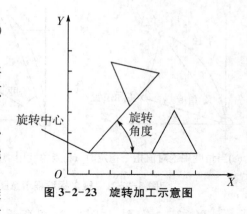

图 3-2-23　旋转加工示意图

格式中的 X、Y、Z 值用于指定坐标系旋转的中心，R 用于表示坐标系旋转的角度，该角度一般取 0°～360°的正值。旋转角度的零度方向为第一坐标轴的正方向，逆时针方向为角度方向的正向。不足 1°的角度以小数点表示，如 10°54′用 10.9°表示。

例　G68 X15.0 Y20.0 R30.0；

该指令表示图形以坐标点（15,20）作为旋转中心，逆时针旋转 30°。

（3）坐标系旋转编程说明

① 在坐标系旋转取消指令（G69）以后的第一个移动指令必须用绝对值指定。如果采用增量值指定，则不执行正确的移动。

② CNC 数据处理的顺序是程序镜像→比例缩放→坐标系旋转→刀具半径补偿 C 方式。所以在指定这些指令时，应按顺序指定，取消时，按相反顺序。如果坐标系旋转指令前有比例缩放指令，则在比例缩放过程中不缩放旋转角度。

③ 在坐标系旋转方式中，返回参考点指令（G27、G28、G29、G30）和改变坐标系指令（G54～G59，G92）不能指定。如果要指定其中的某一个，则必须在取消坐标系旋转指令后进行。

坐标系的旋转方式中的增量值的指令：当 G68 被编程时，在 G68 之后，绝对值指令之前，增量值指令的旋转中心是刀具位置。

坐标系旋转取消指令：取消坐标系旋转方式的 G 代码（G69）可以指定在其他指令的程序段中。

四、零件加工工艺与编程

1. 制定加工工艺

（1）分析零件图样

该零件包含了平面、外形轮廓、槽和孔的加工，孔的尺寸精度为 IT7，其他表面尺寸精度要求不高，表面粗糙度全部为 $R_a3.2\ \mu m$，没有形位公差项目的要求。

（2）工艺分析

① 加工方案的确定

对于表 3-2-14 所示零件上的斜六边形轮廓、两个凹槽和孔的加工，可以运用旋转、镜像、极坐标及固定循环功能来加工,这样不但可以减少编程的工作量,还可以达到优化程序提高效率的目的。

根据零件的要求,零件加工方案为:粗铣→粗铣斜六边形→粗铣两个角落凹槽→检测→精铣正六边形、斜六边形及两个凹槽→孔加工。

② 确定装夹方案

该零件为单件生产,且零件外形为长方体,可选用平口虎钳装夹。工件上表面高出钳口 6 mm 左右。

③ 确定加工工艺

根据以上分析,该零件的数控加工工序卡和刀具卡,见表 3-2-14 和表 3-2-15。

表 3-2-14 加工工序卡片

加工工序卡			零件图号		共 6 页
			零件名称		第 2 页
材料牌号	45 钢	毛坯	100×80×15	已平磨六个面,垂直度<0.05 mm,尺寸公差±0.05	数控程序名

工艺简图	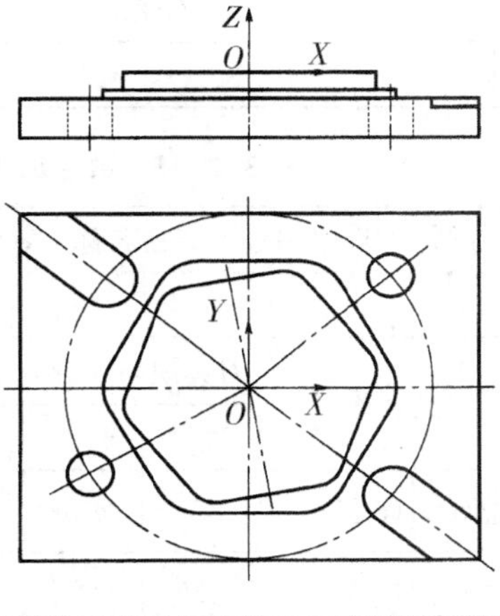

工序号	工序名称	工步号	工序工步内容	工艺装备		
				夹具	刀具	量具
1	工装	1	检查毛坯尺寸是否与图纸相符	平口钳		
		2	安装工件伸出安全高度大于 5 mm			
		3	打表找正工件平面平行度 0.06			百分表
		4	安装刀具对刀确定工件系			

（续表）

工序号	工序名称	工步号	工序工步内容	工艺装备		
				夹具	刀具	量具
2	粗加工	1	粗加工正六边形轮廓，留0.5mm余量 粗加工内、外轮廓	平口钳	T01	游标卡尺
		2	粗、半精加工斜六边形轮廓，留0.5mm余量 粗加工内、外轮廓		T02	
		3	粗加工两凹槽轮廓		T02	千分尺
	精加工	1	测量工件实际尺寸			
		2	调整参数精加工到图纸尺寸要求		T03	
3	孔加工	1	中心钻定位		T04	
		2	钻底孔（循环钻φ10孔）		T05	
		3	扩孔		T06	
		4	孔口倒角		T07	
		5	铰孔		T08	千分尺
4	检验					

表 3-2-15　数控加工刀具卡

数控加工刀具卡片		工序号	程序编号	产品名称	零件名称	材　料	零件图号	
						45		
序号	刀具号	刀具名称		刀具规格（mm）		补偿值（mm）		刀补号		备注

序号	刀具号	刀具名称	直径	长度	半径	长度	半径	长度	备注
1	T01	立铣刀（3齿）	φ25	实测	25.3		D11	H01	高速钢
2		立铣刀（3齿）	φ25	实测	44		D12	H01	高速钢
3	T02	立铣刀（3齿）	φ12				D02	D02	高速钢
4	T03	立铣刀（4齿）	φ12	实测	8		D02	H03	硬质合金
5	T04	中心钻	φ2	实测	6.3		D04	H04	高速钢
6	T05	麻花钻	φ8	实测	8		D05	H05	高速钢
7	T06	麻花钻	φ9.7	实测	9.8		D06	H06	高速钢
8	T07	倒角钻					D07	H07	高速钢
9	T07	机用铰刀	φ10H7	实测	10		D08	H08	高速钢

备注：D02、D04 的实际半径补偿值根据测量结果调整。

2. 编写加工程序

选择零件两对称轴的交点为工件坐标系 X、Y 轴原点,工件上表面为 Z 轴原点,建立工件坐标系,如图 3-2-24 所示。

(1) 正六边形加工程序

根据设定的工件坐标系计算编程所需基点坐标分别为:$A(10.97,29)$;$B(19.73,24)$;$C(30.6,3)$,如图 3-2-24 所示。用 $\phi25$ mm 立铣刀粗加工正六边形时,调用刀补值 44 和 25.3 mm 铣削两次外轮廓,为精加工留有单侧 0.3 mm 的加工余量。精加工正六边形时,选用 $\phi12$ mm 的立铣刀,刀具半径补偿号仍然为 D02,补偿值为 6 mm,并将机床切削三要素进行调整。

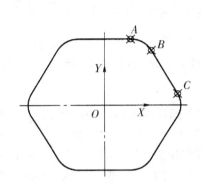

图 3-2-24　正六边形坐标计算

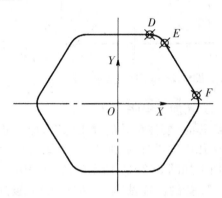

图 3-2-25　没有旋转前的六边形坐标计算

(2) 斜六边形加工程序

根据设定的工件坐标系计算编程所需基点坐标分别为:$D(10.97,25)$;$E(16.17,22)$;$F(27.14,3)$,如图 3-2-25 所示。

编写斜六边形加工程序时,先按没有旋转时的六边形编写程序,然后利用旋转功能实现六边形的旋转,逆时针方向旋转 100°,具体程序见表 3-2-17 和表 3-2-18。

说明:粗加工时,刀具直径为 $\phi20$ mm 的立铣刀,刀具半径补偿号为 D12,刀补值为 25.3 mm,为精加工留有单侧 0.3 mm 的加工余量。当精加工斜六边形时,选用 $\phi12$ mm 的立铣刀,刀具半径补偿号仍然为 D02,补偿值为 6 mm,并将机床切削三要素进行调整。

(3) 凹槽加工程序

如图 3-2-36 所示,两个凹槽的轮廓与尺寸相同并关于原点 $(0,0)$ 对称,在编程时,可只编写其中一个凹槽的程序,然后利用镜像功能得到另一个凹槽的加工程序。图示的两个凹槽均为开口槽,编程时,将凹槽开口处的两条线各延长了 3 mm,以保证在凹槽的开口处不留圆角。

根据设定的工件坐标系计算编程所需基点坐标分别为:$G(52.34,-33.55)$;$H(34.88,-19.58)$;$I(26.76,-29.73)$;$J(41.94,-41.87)$,如图 3-2-27 所示。

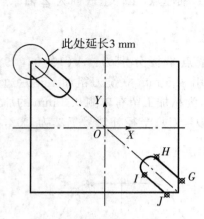

图 3-2-26　凹槽坐标计算

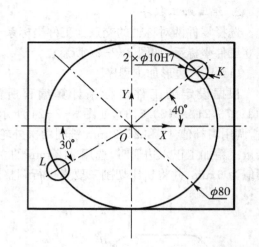

图 3-2-27　孔加工极坐标

（4）孔加工程序

编程时，要注意孔的加工深度，加工通孔时，应考虑到钻头钻尖的锥面长度，适当增加钻孔深度，保证孔加工通，否则会在后面的铰孔加工时，使铰刀折断。

加工如图 3-2-27 所示的两个 $\phi10H7$ 的孔，可利用极坐标功能确定孔的中心坐标为：K 孔的位置，极半径为 40 mm，极角为 40°；L 孔的位置，极半径为 40 mm，极角为 210°。

（5）参考程序

零件加工主程序如表 3-2-16。铣正六边形、斜六边形、凹槽及孔加工子程序分别见表 3-2-17～表 3-2-20。

表 3-2-16　主程序

程　序	说　明
O1001	程序号
G17 G21 G40 G49 G54 G80 G90 G94	程序初始化
G28	回参考点
T01 M06	选用 1 号刀具
G43 Z50 H01	1 号刀具长度补偿
M03 S400	
G00 X0 Y55.0	
Z5.0 M08	
G01 Z−6.0 F60	
G41 D11 G01 X0 Y29.0 F100	$D11=44mm$ 粗铣正六边形

程　　序	说　　明
M98 P8001	
G40 G01 X0 Y55. 0	
G41 D12G01 X0 Y29. 0 F100	$D12＝25.3mm$,留精加工余量
M98 P8001	
G40 G01 X0 Y55. 0	
G00 Z50. 0	
G00 X0 Y40. 0	
Z5. 0	
G01 Z－4. 0 F60	
G41 D12 G01 X0 Y25. 0 F100	
G90 G68 X0 Y0 R10. 0	工件坐标系逆时针方向旋转10°
M98 P8003	调用8003子程序
G40 G01 X0 Y40. 0	取消刀具半径补偿
G00 Z100. 0 M05	快速退刀,并关闭切削液
G69	取消旋转功能
G28	Z轴回参考点
T02 M06	选用2号刀具
G43 Z50 H02	2号刀具长度补偿
G54 M03 S680	建立坐标系,转速680 r/min
G00 X0 Y0	
M98 P8005	调用8003子程序,加工右下角凹槽
G51. 1 X0 Y0	建立镜像功能,关于原点镜像
M98 P8005	调用8005子程序,加工左上角凹槽
G50. 1 X0 Y0	取消镜像功能
G00 Z100. 0 M05 M09	
G28	
T03 M06	
G43 Z50 H03	
M00	检测,开始精加工
G17 G21 G40 G49 G54 G80 G90 G94	精加工正六边形
M03 S800	

（续表）

程　　序	说　　明
G00 X0 Y55.0	
Z5.0 M08	
G01 Z-6.0 F60	
G41 D02 G01 X0 Y29.0 F100	检测后,根据加工余量与刀具实际直径确定
M98 P8001	
G40 G01 X0 Y55.0	
G00 Z50.0 M05	
G90 G54 M03 S800	
G00 X0 Y40.0	
Z5.0 M08	
G01 Z-4.0 F60	
G41 D02 G01 X0 Y25.0 F100	
G90 G68 X0 Y0 R10.0	工件坐标系逆时针方向旋转10°
M98 P8003	调用8003子程序
G40 G01 X0 Y40.0	
G00 Z50.0 M05	
G69	
G00 Z100 M05	
G90 G40 G21 G17 G94	开始精加工凹槽
G54 M03 S680	建立坐标系,转速680 r/min
G00 X0 Y0	刀具快速定位
Z5.0 M08	
M98 P8005	调用8005子程序,加工右下角凹槽
G51.1 X0 Y0	建立镜像功能,关于原点镜像
M98 P8005	调用8005子程序,加工左上角凹槽
G50.1 X0 Y0	取消镜像功能
G00 Z100.0 M09	快速退刀
M98 P8006	调用孔加工程序
M30	

表 3-2-17 正六边形加工子程序

程　　序	说　　明
O80001	程序名
G01 X10.97 F100	加工正六边形轮廓
G02 X19.63 Y24.0 R10.0	
G01 X30.60 Y5.0	
G02 Y-5.0 R10.0	
G01 X19.63 Y-24.0	
G02 X10.97 Y-29.0 R10.0	
G01 X-10.97	
G02 X-19.63 Y-24.0 R10.0	
G01 X-30.60 Y-5.0	
G02 Y5.0 R10.0	
G01 X-19.63 Y24.0	
G02 X-10.97 Y29.0 R10.0	
G01 X0	
M99	子程序结束

表 3-2-18 斜六边形加工子程序

程　　序	说　　明
O8003	子程序名
G01X10.97 F100	加工正六边形轮廓
G02 X16.17 Y22.0 R6.0	
G01 X27.14 Y3.0	
G02 Y-3.0 R6.	
G01 X16.17 Y-22.0	
G02 X10.97 Y-25.0 R6.0	
G01 X-10.97	
G02 X-16.17 Y-22.0 R6.0	
G01 X-27.14 Y-3.0	
G02 Y3.0 R6.0	
G01 X-16.17 Y22.0	
G02 X-10.97 Y25.0 R6.0	
G01 X0	
G40 G01 X0 Y40.0	
G00 Z50.0 M05	
M99	子程序结束

表 3-2-19 两凹槽加工子程序

程　序	说　明
O8005	凹槽子程序名
G00 X56.0 Y-46.0	快速定位
Z5 M08	
G01 Z-8.0 F50	下降至加工深度
G41 D02 G01 X52.34 Y-33.55	建立刀具半径左补偿,加工凹槽
X34.88 Y-19.58	
G03 X26.76 Y-29.73 R6.5	
G01 X41.94 Y-41.87	
G40 G01 X56.0 Y-46.0	取消刀补
G00 Z5.0	
M99	子程序结束

表 3-2-20 孔加工子程序

加 工 程 序	程 序 说 明
O0006	程序名
G28	Z 轴回参考点
M06 T04	换 T04 号刀具,中心钻
G90 G40 G21 G17 G94 G15	程序初始化
G54 M03 S1500	建立坐标系,转速 1 500 r/min
G00 X0 Y0	刀具快速定位
G43 H04 G00 Z20.0	建立长度补偿,快速定位到 Z20.0
G16 G00 X40.0 Y40.0	利用极坐标功能定位到第一个孔
G99 G81 Z-9. R5.0 F60	用 G81 指令钻中心孔
G00 X40.0 Y210.0	利用极坐标定位到第二个孔
G98 G81 Z-9.0 R5.0 F60	用 G81 指令钻中心孔
G15	取消极坐标功能
G49 G00 Z50.0	取消长度补偿
G80 G91 G28 Z0	Z 轴回参考点
M06 T05	换 T05 号刀具
G90 G15 G54 M03 S500	程序初始化,建立坐标系,转速 500 r/min
G00 X0 Y0	刀具快速定位
G43 H05 G00 Z50.0	建立长度补偿,快速定位到 Z50.0
G16 G00 X40.0 Y40.0	利用极坐标功能定位到第一个孔

（续表）

加工程序	程序说明
G99 G81 Z－20.0 R5.0 F60	用 G81 指令钻底孔
G00 X40.0 Y210.0	利用极坐标功能定位到第二个孔
G98 G81 Z－20.0 R5.0 F60	用 G81 指令钻底孔
G15	取消极坐标功能
G49 G00 Z20.0	取消长度补偿
G80 G91 G28 Z0	Z 轴回参考点
M06 T06	换 T06 号刀具
G90 G15 G54 M03 S450	程序初始化,建立坐标系,转速 450 r/min
G00 X0 Y0	刀具快速定位
G43 H06 G00 Z20.0	建立长度补偿,快速定位到 Z20.0
G16 G00 X40.0 Y40.0	利用极坐标功能定位到第一个孔
G99 G81 Z－20.0 R5.0 F50	用 G81 指令扩孔
G00 X40.0 Y210.0	利用极坐标功能定位到第二个孔
G98 G81 Z－20.0 R5.0 F50	用 G81 指令扩孔
G15	取消极坐标功能
G49 G00 Z50.0	取消长度补偿
G80 G91 G28 Z0	Z 轴回参考点
M06 T07	换 T07 号刀具,倒角钻
G90 G15 G54 M03 5500	程序初始化,建立坐标系,转速 500 r/min
G00 X0 Y0	刀具快速定位
G43 H07 G00 Z20.0	建立长度补偿,快速定位到 Z20.0
G16 G00 X40.0 Y40.0	利用极坐标功能定位到第一个孔
G99 G82 Z－10.0 R5.0 P2000 F60	用 G82 指令倒角,暂停 2s
G00 X40.0 Y210.0	利用极坐标功能定位到第二个孔
G99 G82 Z－10.0 R5.0 P2000 F60	用 G82 指令倒角,暂停 2s
G15	取消极坐标功能
G49 G00 Z50.0	取消长度补偿
G80 G91 G28 Z0	Z 轴回参考点
M06 T08	换 T08 号刀具
G90 G15 G54 M03 S50	程序初始化,建立坐标系,转速 50 r/min
G00 X0 Y0	刀具快速定位
G43 H08 G00 Z20.0	建立长度补偿,快速定位到 Z20.0
G16 G00 X40.0 Y40.0	利用极坐标功能定位到第一个孔

（续表）

加工程序	程序说明
G99 G85 Z-18.0 R5.0 F40	用 G85 指令铰孔
G00 X40.0 Y210.0	利用极坐标功能定位到第二个孔
G98 G85 Z-18.0 R5.0 F40	用 G85 指令铰孔
G15	取消极坐标功能
G91 G28 Z0	Z 轴回参考点
M99	程序结束

3. 零件加工

开机，激活机床，回参考点→定义毛坯，放置零件→安装刀具→输入程序，数控编程模拟软件对加工刀具轨迹仿真，或数控系统图形仿真加工，进行程序校验及修整→自动加工→停车后，按图纸要求检测工件，对工件进行误差与质量分析。

【巩固提高】

加工如图 3-2-28 所示零件（单件生产），毛坯为 100 mm×80 mm×15 mm 长方块（100 mm×80 mm 六方轮廓及底面已加工），材料为 45 钢。试编写其数控加工程序，要求如下。

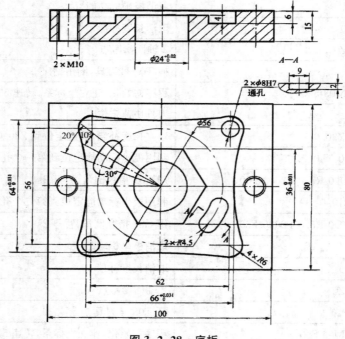

图 3-2-28　底板

（1）制定加工工序卡。

（2）制定加工刀具卡。

（3）采用旋转、极坐标、固定循环等功能简化编程。

参 考 文 献

1. 董建国,龙华,肖爱武. 数控编程与加工技术. 北京:北京理工大学出版社,2011.
2. 周虹. 数控编程与实训. 北京:人民邮电出版社,2008.
3. 黄登红. 数控编程与加工操作. 长沙:中南大学出版社,2008.
4. 杨丰,黄登红. 数控加工工艺与编程. 长沙:国防工业出版社,2009.
5. 周虹. 数控加工工艺设计与程序编制. 北京:人民邮电出版社,2009.
6. 周虹. 数控机床操作. 北京:人民邮电出版社,2009.
7. 黄登红. 国家职业技能鉴定培训教材数控铣床操作工(中. 高级). 北京:化学工业出版社,2009.
8. 周虹. 数控机床操作工职业技能鉴定指导(第 2 版). 北京:人民邮电出版社,2008.
9. 董建国,王凌云. 数控编程与加工技术. 长沙:中南大学出版社,2006.
10. 徐宏海. 数控机床刀具及其应用. 北京:化学工业出版社,2005.
11. 肖爱武,罗红专. 数控加工工艺及装备. 长沙:中南大学出版社,2008.
12. 华茂发. 数控机床加工工艺. 北京:机械工业出版社,2000.
13. 陈洪涛. 数控加工工艺与编程. 北京:高等教育出版社,2003.
14. 赵长明等. 数控加工工艺及设备. 北京:高等教育出版社,2003.
15. 田春霞. 数控加工工艺. 北京:机械工业出版社,2006.
16. 唐应谦. 数控加工工艺学. 北京:中国劳动社会保障出版社,2000.
17. 吴道金. 金属切削原理与刀具. 重庆:重庆大学出版社,1993.
18. 王荣兴. 加工中心培训教程. 北京:机械工业出版社,2006.
19. 余英良. 数控铣削加工实训及案例解析. 北京:化学工业出版社,2009.
20. 汪红,李荣兵. 数控铣床/加工中心操作工技能鉴定培训教程. 北京:化学工业出版社,2008.
21. 徐国权. 数控加工工艺编程与操作(FANUC 系统铣床与加工中心分册). 北京:劳动和社会保障出版社,2008.
22. 任国兴. 数控车床加工工艺与编程操作. 北京:机械工业出版社,2006.
23. 金晶. 数控铣床加工工艺与编程操作. 北京:机械工业出版社,2006.
24. 谢晓红. 数控车削编程与加工技术. 北京:电子工业出版社,2008.
25. 谢晓红. 数控机床编程与加工技术. 北京:中国劳动社会保障出版社,2008.
26. 邹继强,刘矿陵. 模具制造与管理. 北京:清华大学出版社,2005.
27. 熊建武. 模具制造工艺项目教程. 北京:上海交通大学出版社,2010.

内容简介

《数控编程与加工项目化教程》以工作模块为导向，以项目为载体，按数控加工国家职业技能鉴定标准要求，结合编者多年从事数控加工教学、实训及生产积累的经验而编写。全书突出数控实训特点，讲解了数控机床加工基础及数控车床、数控铣床和加工中心的编程与操作，并辅以大量的数控编程与操作实训。本书既可作为高职高专院校数控专业、模具专业、机电一体化专业、机械设计制造及自动化专业的数控加工编程教材，也可作为广大数控加工从业人员的参考用书。

图书在版编目(CIP)数据

数控编程与加工项目化教程 / 肖爱武，廉良冲主编. -- 2 版. --
南京：南京大学出版社，2017.7(2021.8 重印)
高职高专"十三五"规划教材. 机电专业
ISBN 978 - 7 - 305 - 18903 - 6

Ⅰ.①数… Ⅱ.①肖… ②廉… Ⅲ.①数控机床—程序设计—高等
职业教育—教材 ②数控机床—加工—高等职业教育—教材 Ⅳ.①TG659

中国版本图书馆 CIP 数据核字(2017)第 164035 号

出版发行 南京大学出版社
社　　址 南京市汉口路 22 号　　　　邮编　210093
出 版 人 金鑫荣

丛 书 名 高职高专"十三五"规划教材·机电专业
书　　名 数控编程与加工项目化教程(第二版)
主　　编 肖爱武　廉良冲
责任编辑 刘　洋　吴　汀　　　　　编辑热线　025 - 83592146

照　　排 南京开卷文化传媒有限公司
印　　刷 广东虎彩云印刷有限公司
开　　本 787×1092　1/16　印张 15　字数 328 千
版　　次 2017 年 7 月第 2 版　2021 年 8 月第 3 次印刷
ISBN　978 - 7 - 305 - 18903 - 6
定　　价 38.00 元

网　　址:http://www.njupco.com
官方微博:http://weibo.com/njupco
微信服务号:njuyuexue
销售咨询热线:(025)83594756